이지스에듀

지은이 | **징검다리 교육연구소, 최순미**

징검다리 교육연구소는 적은 시간을 투입해도 오래 기억에 남는 학습의 과학을 생각하는 이지스에듀의 공부 연구소입니다. 아이들이 기계적으로 공부하지 않도록, 두뇌가 활성화되는 과학적 학습 설계가 적용된 책을 만듭니다.

최순미 선생님은 징검다리 교육연구소의 대표 저자입니다. 지난 20여 년 동안 EBS, 동아출판, 디딤돌, 대교 등과 함께 100여 종이 넘는 교재 개발에 참여해 온, 초등 수학 전문 개발자입니다. 이지스에듀에서 《바빠 연산법》, 《나 혼자 푼다 바빠 수학 문장제》 시리즈를 집필, 개발했습니다.

나 혼자 푼다 바빠 수학 문장제 1-2

(이 책은 2017년 7월에 출간한 '나 혼자 푼다! 수학 문장제 1-2'를 새 교육과정에 맞춰 개정했습니다.)

초판 발행 2024년 10월 30일
초판 2쇄 2025년 1월 7일
지은이 징검다리 교육연구소, 최순미
발행인 이지연
펴낸곳 이지스퍼블리싱(주)
출판사 등록번호 제313-2010-123호
제조국명 대한민국
주소 서울시 마포구 잔다리로 109 이지스 빌딩 5층(우편번호 04003)
대표전화 02-325-1722
팩스 02-326-1723
이지스퍼블리싱 홈페이지 www.easyspub.com
이지스에듀 카페 www.easysedu.co.kr
바빠 아지트 블로그 blog.naver.com/easyspub
인스타그램 @easys_edu
페이스북 www.facebook.com/easyspub2014
이메일 service@easyspub.co.kr

기획 및 책임 편집 김현주 | 박지연, 정지연, 이지혜 **교정 교열** 방혜영 **전산편집** 이츠북스
표지 및 내지 디자인 손한나, 김용남 **일러스트** 김학수, 이츠북스 **인쇄** 보광문화사 **독자지원** 박애림, 김수경
영업 및 문의 이주동, 김요한(support@easyspub.co.kr) **마케팅** 라혜주

ISBN 979-11-6303-647-0 64410
ISBN 979-11-6303-590-9(세트)
가격 **12,000원**

• **이지스에듀**는 이지스퍼블리싱(주)의 교육 브랜드입니다.
(이지스에듀는 학생들을 탈락시키지 않고 모두 목적지까지 데려가는 책을 만듭니다!)

이제 문장제도 나 혼자 푼다!

막막하지 않아요! 빈칸을 채우면 저절로 완성!

2학기 교과서 순서와 똑같아 효과적으로 공부할 수 있어요!

'나 혼자 푼다 바빠 수학 문장제'는 개정된 2학기 교과서의 내용과 순서가 똑같습니다. 그러므로 예습하거나 복습할 때 편리합니다. 2학기 수학 교과서 전 단원의 대표 유형을 개념이 녹아 있는 문장제로 훈련해, **이 책만 다 풀어도 2학기 수학의 기본 개념이 모두 잡힙니다!**

나 혼자서 풀도록 도와주는 착한 수학 문장제 책이에요.

'나 혼자 푼다 바빠 수학 문장제'는 어떻게 하면 수학 문장제를 연산 풀듯 쉽게 풀 수 있을지 고민하며 만든 책입니다. 이 책을 미리 경험한 학부모님들은 **'어려운 서술을 쉽게 알려주는 착한 문제집!'**, '쉽게 설명이 되어 있어 아이가 만족하며 풀어요!'라며 감탄했습니다.

이 책은 **조금씩 수준을 높여 도전하게 하는 '작은 발걸음 방식(스몰 스텝)'으로 문제를 구성**했습니다. 누구나 쉽게 도전할 수 있는 단답형 문제부터 학교 시험 문장제까지, 서서히 빈칸을 늘려 가며 풀이 과정과 답을 쓰도록 구성했습니다. 아이들은 스스로 문제를 해결하는 과정에서 성취감을 맛보게 되며, 수학에 대한 흥미를 높일 수 있습니다.

수학은 혼자 푸는 시간이 꼭 필요해요!

수학은 혼자 푸는 시간이 꼭 필요합니다. 운동도 누군가 거들어 주게 되면 근력이 생기지 않듯이, 부모님의 설명을 들으며 푼다면 사고력 근육은 생기지 않습니다. 그렇다고 문제가 너무 어려우면 아이들은 혼자 풀기 힘듭니다.

'나 혼자 푼다 바빠 수학 문장제'는 쉽게 풀 수 있는 기초 문장제부터 요즘 학교 시험 스타일 문장제까지 단계적으로 구성한 책으로, **아이들이 스스로 도전하고 성취감을 맛볼 수 있습니다.** 문장제는 충분히 생각하며 한 문제라도 정확히 풀어야겠다는 마음가짐이 필요합니다. 부모님이 대신 풀어 주지 마세요! 답답해 보여도 조금만 기다려 주세요.

혼자서 문제를 해결하면 수학에 자신감이 생기고, 어느 순간 수학적 사고력도 향상되는 효과를 볼 수 있습니다. 이렇게 만들어진 **문제 해결력과 수학적 사고력은 고학년 수학을 잘할 수 있는 디딤돌이 될 거예요!**

1 교과서 대표 유형 집중 훈련!

같은 유형으로 반복 연습해서, 익숙해지도록 도와줘요!

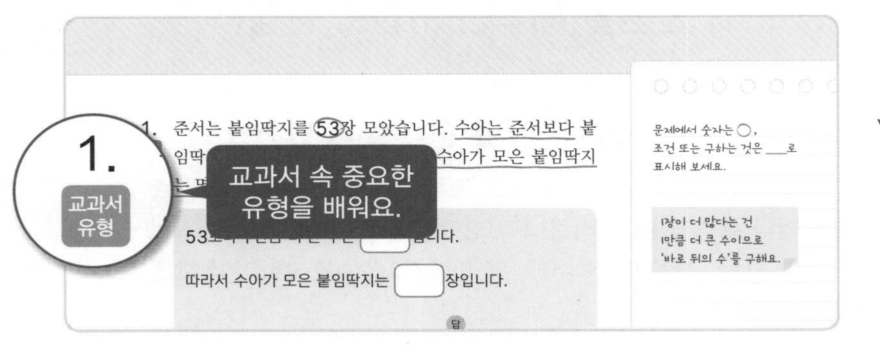

2 혼자 푸는데도 선생님이 옆에 있는 것 같아요!

친절한 도움말이 담겨 있어요.

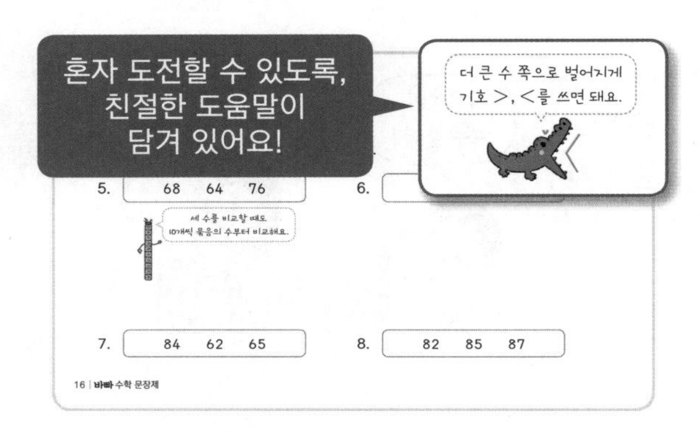

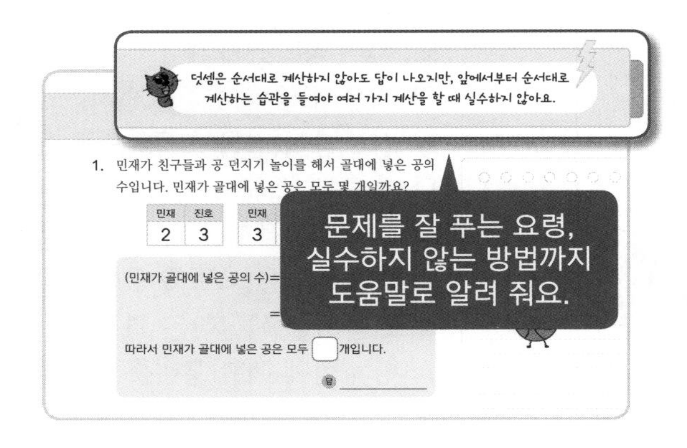

3 문제 해결의 실마리를 찾는 훈련!

숫자에는 동그라미, 구하는 것(주로 마지막 문장)에는 밑줄을 치며 푸는 습관을 들여 보세요.
문제를 정확히 읽고 빨리 이해할 수 있습니다. 소리 내어 문제를 읽는 것도 좋아요!

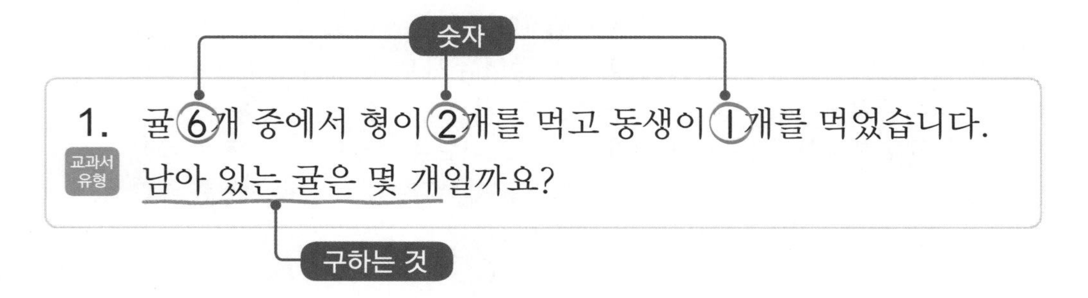

4 나만의 문제 해결 전략 만들기!

스케치북에 낙서하듯, 포스트잇에 필기하듯 나만의 해결 전략을 만들어 쉽게 풀이를 써 봐요.

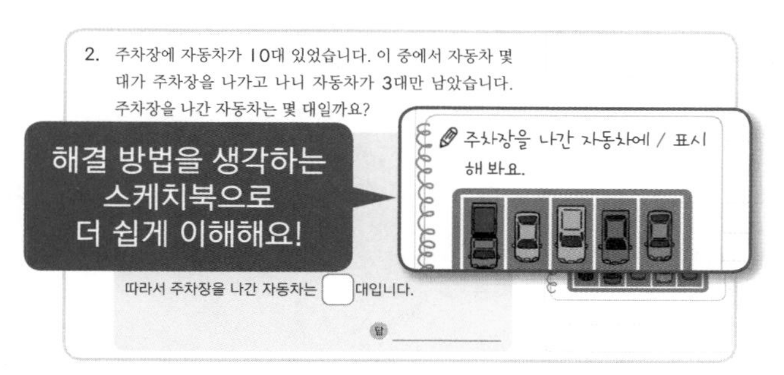

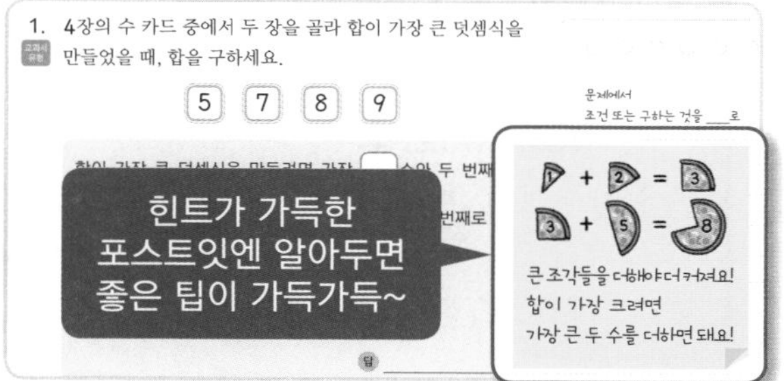

5 빈칸을 채우면 풀이는 저절로 완성!

빈칸을 따라 쓰고 채우다 보면 긴 풀이 과정도 나 혼자 완성할 수 있어요!

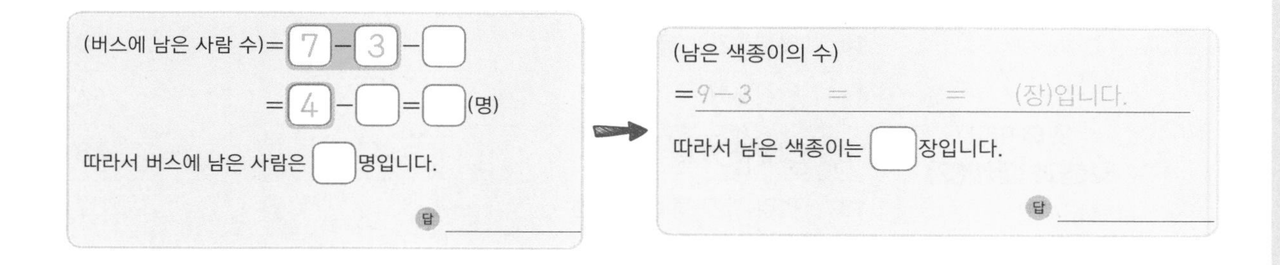

6 시험에 자주 나오는 문제로 마무리!

단원평가도 문제없어요! 각 마당마다 시험에 자주 나오는 주관식 문제를 담았어요.
실제 시험을 치르는 것처럼 풀면 학교 시험까지 준비 끝!

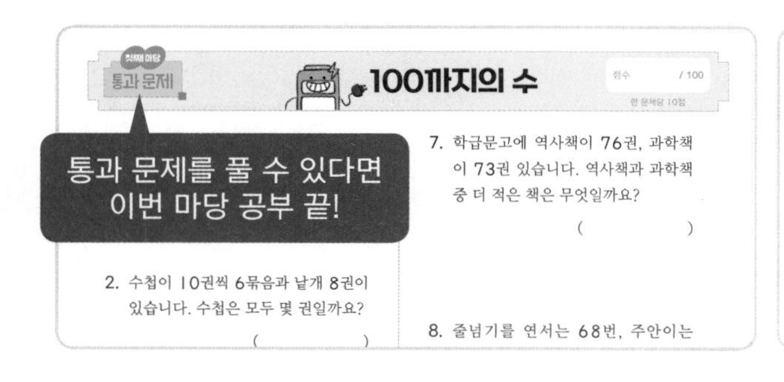

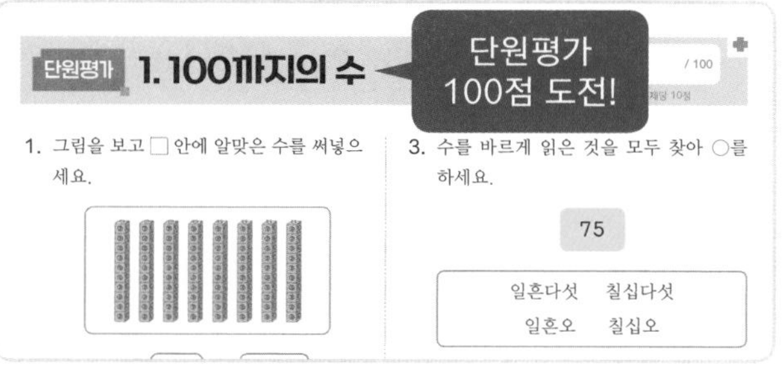

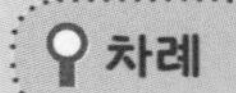

나 혼자 푼다 바빠 수학 문장제 1-2

첫째 마당

100까지의 수

첫째 마당에서는 **100까지의 수를 이용한 문장제**를 배워요.
100까지의 수를 10개씩 묶음의 수와 낱개의 수로 표현하는 방법과
2씩 묶을 수 있는 짝수, 2씩 묶으면 1개가 남는 홀수를 배웁니다.
☐를 채워 문장을 완성하면, 학교 시험 자신감 충전 완료!

공부한 날짜

01	몇십, 99까지의 수	월 일	✔
02	수의 순서	월 일	
03	수의 크기 비교하기	월 일	
04	짝수와 홀수	월 일	

01 몇십, 99까지의 수

수를 두 가지 방법으로 읽어 보세요.

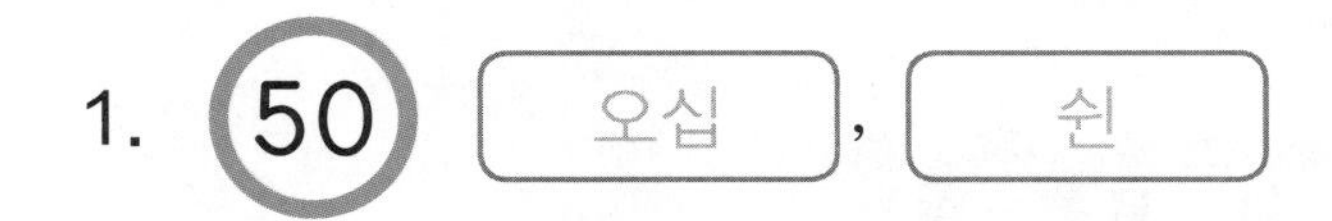

수	읽기	
10	십	열
20	이십	스물
30	삼십	서른
40	사십	마흔
50	오십	쉰
60	육십	예순
70	칠십	일흔
80	팔십	여든
90	구십	아흔

2. 80 ( ), ( )

3. 90 ( ), ( )

4. 53 (오십삼), (쉰셋)

5. 65 (육십오), (예순다섯)

6. 67 ( ), ( )

7. 72 ( ), ( )

8. 78 ( ), ( )

9. 89 ( ), ( )

10. 94 ( ), ( )

11. 96 ( ), ( )

☐ 안에 알맞은 수나 문장을 써넣으세요.

1. 70은 10개씩 묶음이 ☐개입니다.

10개씩 묶음의 수가 ●개이면 ●0이에요.

2. 10개씩 묶음 9개는 ☐입니다.

3. 58은 10개씩 묶음 5개와 낱개 ☐개입니다.

수
●▲

→

10개씩 묶음	낱개
●	▲

4. 64는 10개씩 묶음 ☐개와 낱개 4개입니다.

5. 83은 [10개씩 묶음 8개]와 낱개 3개입니다.

6. 96은 [10개씩 묶음   ].

문장을 완성해 보세요.

7. 10개씩 묶음 8개와 낱개 9개는 ☐입니다.

10개씩 묶음	낱개
●	▲

→

수
●▲

8. 10개씩 묶음 ☐개와 낱개 2개는 72입니다.

9. 10개씩 묶음 9개와 낱개 ☐개는 95입니다.

1. 딸기가 한 접시에 10개씩 담겨 있습니다. 6개의 접시에 있는 딸기는 모두 몇 개일까요?

교과서 유형

10개씩 6접시는 ☐개입니다.

따라서 딸기는 모두 ☐개입니다.

답 ______ 개

단위를 꼭 써요.

그림으로 알아봐요.

➡ 10개씩 6접시=☐개

2. 사과가 10개씩 8봉지와 낱개 4개가 있습니다. 사과는 모두 몇 개일까요?

교과서 유형

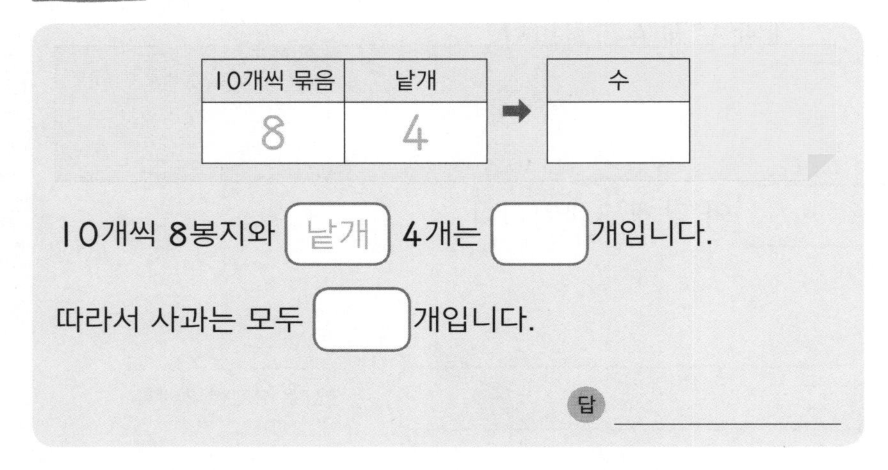

10개씩 묶음	낱개
8	4

➡

수

10개씩 8봉지와 낱개 4개는 ☐개입니다.

따라서 사과는 모두 ☐개입니다.

답 ______

3. 색종이가 10장씩 7묶음과 낱개 8장이 있습니다. 색종이는 모두 몇 장일까요?

10장씩 7묶음 과 ☐ 8장은 ☐장입니다.

따라서 색종이는 모두 ☐장입니다.

답 ______

1. 귤 57개를 한 봉지에 10개씩 담으려고 합니다. 귤을 몇 봉지에 담을 수 있고, 몇 개가 남을까요?

10개씩 묶음의 수　낱개의 수

수		10개씩 묶음	낱개
57	➡	5	7

57은 10개씩 묶음이 ☐개, 낱개가 ☐개입니다.

따라서 귤을 한 봉지에 10개씩 담으면 ☐봉지에 담을 수 있고, ☐개가 남습니다.

답 ________, ________

문제에서 숫자는 ◯, 조건 또는 구하는 것은 ___로 표시해 보세요.

2. 밤 73개를 한 봉지에 10개씩 담으려고 합니다. 봉지에 담고 남은 밤은 몇 개일까요?

낱개의 수

73은 10개씩 묶음이 ☐개, 낱개가 ☐개입니다.

따라서 봉지에 담고 남은 밤은 ☐개입니다.

답 ________

10개씩 봉지에 담고 남은 밤은 낱개의 수를 구하면 돼.

3. 사과 86개를 한 박스에 10개씩 담으려고 합니다. 박스에 담고 남은 사과는 몇 개일까요?

86은 10개씩 묶음이 ☐개, 낱개가 ☐개입니다.

따라서 박스에 담고 남은 사과는 ☐개입니다.

답 ________

02 수의 순서

수의 순서대로 빈칸에 알맞은 수를 쓰고, □ 안에 알맞은 수를 써넣으세요.

1.

58	59		61	62			65		67

(1) 59와 61 사이에 있는 수는 □입니다.

(2) 62보다 1만큼 더 큰 수는 □입니다.

62보다 1만큼 더 큰 수는 62 바로 뒤의 수예요.

61 - 62 - 63

(3) 65보다 1만큼 더 작은 수는 □입니다.

(4) 65와 67 사이에 있는 수는 □입니다.

수를 순서대로 써 놓고 풀면 쉬워요.

65 - 66 - 67

66보다 1만큼 더 작은 수 / 66보다 1만큼 더 큰 수

2.

	92			95		97	98	99	

(1) 92 바로 앞에 있는 수는 □, 92 바로 뒤에 있는 수는 □입니다.

(2) 95보다 1만큼 더 작은 수는 □입니다.

(3) 95와 97 사이에 있는 수는 □입니다.

(4) 99보다 1만큼 더 큰 수는 □입니다.

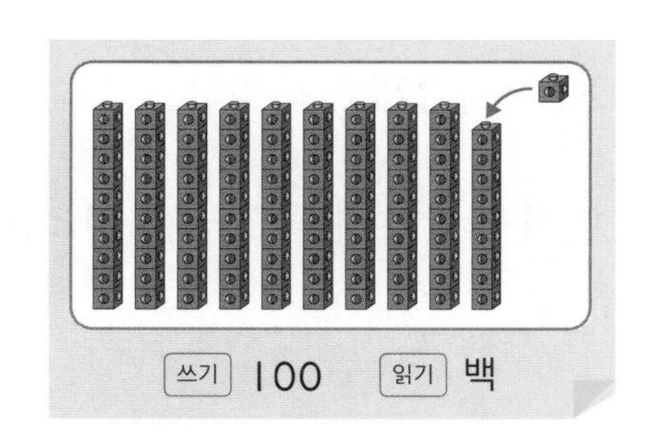

☐ 안에 알맞은 수를 써넣으세요.

1. 80보다 1만큼 더 작은 수는 ☐입니다.

2. 70보다 1만큼 더 큰 수는 ☐입니다.

3. ☐보다 1만큼 더 작은 수는 98입니다.

1만큼 더 작은 수
98 ☐
1만큼 더 큰 수

4. ☐보다 1만큼 더 큰 수는 60입니다.

1만큼 더 큰 수
☐ 60
1만큼 더 작은 수

5. 90보다 1만큼 더 작은 수는 ☐이고,

90보다 1만큼 더 큰 수는 ☐입니다.

6. 99보다 1만큼 더 작은 수는 ☐이고,

99보다 1만큼 더 큰 수는 ☐입니다.

7. 10개씩 묶음 7개인 수

1만큼 더 작은 수: 69, 1만큼 더 큰 수: ☐

8. 10개씩 묶음 8개와 낱개 4개인 수

1만큼 더 작은 수: ☐, 1만큼 더 큰 수: ☐

1. 준서는 붙임딱지를 53장 모았습니다. 수아는 준서보다 붙임딱지를 I장 더 많이 모았습니다. 수아가 모은 붙임딱지는 몇 장일까요?

교과서 유형

+1

53보다 I만큼 더 큰 수는 ☐입니다.

따라서 수아가 모은 붙임딱지는 ☐장입니다.

답 ______

2. 농장에 오리가 86마리 있습니다. 닭은 오리보다 I마리 더 적습니다. 농장에 있는 닭은 몇 마리일까요?

-1

86보다 I만큼 더 ☐ 수는 ☐입니다.

따라서 농장에 있는 닭은 ☐마리입니다.

답 ______

3. 현수는 줄넘기를 어제 99번 넘었습니다. 오늘은 어제보다 I번 더 넘었다면, 현수가 오늘 넘은 줄넘기는 몇 번일까요?

99보다 I만큼 더 ☐ 수는 ☐입니다.

따라서 현수가 오늘 넘은 줄넘기는 ☐번입니다.

답 ______

문제에서 숫자는 ○, 조건 또는 구하는 것은 ___로 표시해 보세요.

I장이 더 많다는 건 I만큼 더 큰 수이므로 '바로 뒤의 수'를 구해요.

I마리 더 적다는 건 I만큼 더 작은 수이므로 '바로 앞의 수'를 구해요.

1. 나타내는 수보다 1만큼 더 작은 수는 얼마일까요?

10개씩 묶음 5개와 낱개 2개

10개씩 묶음	낱개
5	2

➡

수

나타내는 수는 [ ]입니다.

[ ]보다 1만큼 더 작은 수는 [ ]입니다.

답 ____________

2. 나타내는 수보다 1만큼 더 큰 수는 얼마일까요?

10개씩 묶음 6개와 낱개 8개

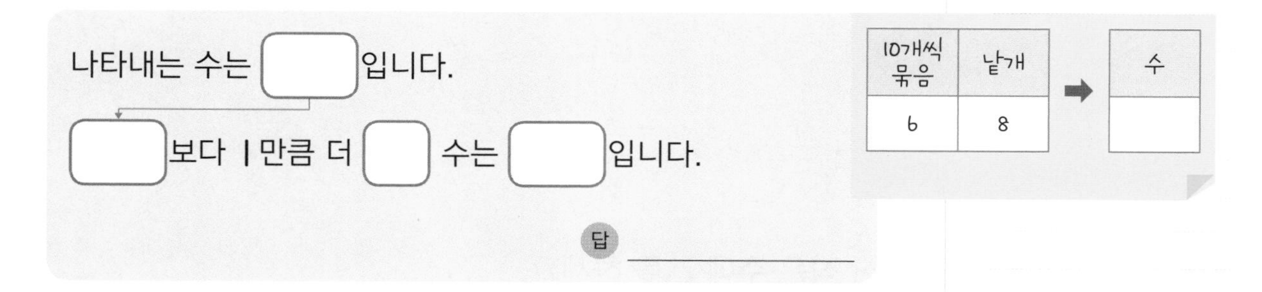

3. 나타내는 수보다 1만큼 더 작은 수는 얼마일까요?

10개씩 묶음 8개

나타내는 수는 [ ]입니다.

[ ]보다 [1만큼 더] 수는 [ ]입니다.

답 ____________

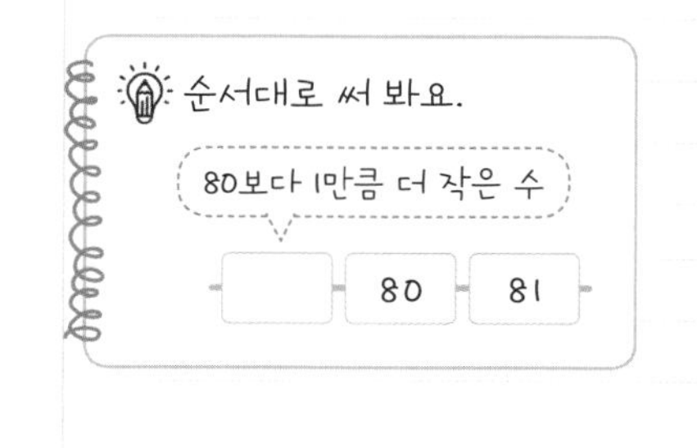

03 수의 크기 비교하기

★ 두 수의 크기를 비교하여 알맞은 말에 ○를 하고, ○ 안에 >, < 중 알맞은 것을 써넣으세요.

1. 72는 81보다 (작습니다 , 큽니다).

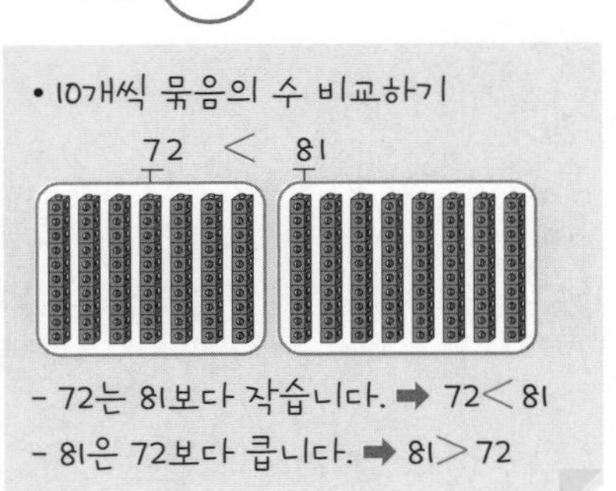

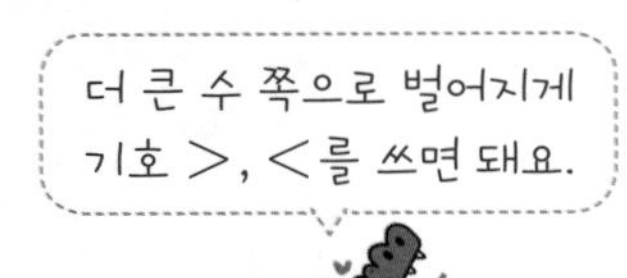

2. 53은 55보다 (작습니다 , 큽니다).

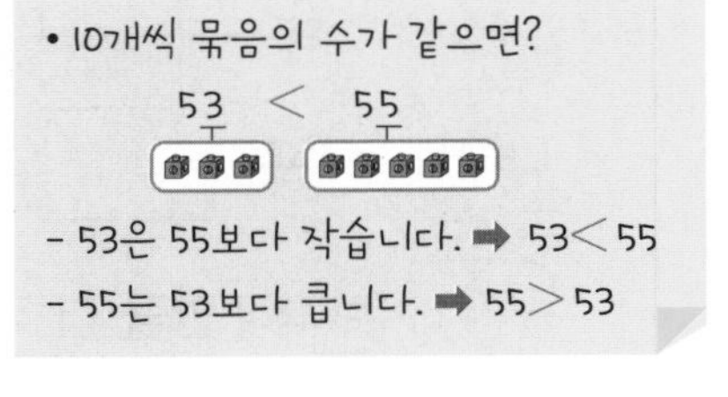

3. 77은 76보다 (작습니다 , 큽니다).

→ 77 ○ 76

4. 67은 76보다 (작습니다 , 큽니다).

→ 67 ○ 76

★ 가장 큰 수에 ○를, 가장 작은 수에 △를 하세요.

5. 68 64 76

세 수를 비교할 때도
10개씩 묶음의 수부터 비교해요.

6. 65 69 62

7. 84 62 65

8. 82 85 87

■ 안에 들어갈 수 있는 수는 모두 몇 개일까요?

더 큰 수 쪽으로 입을 쫘~악!

1. 73>7■

10개씩 묶음의 수가 같으므로 낱개의 수를 비교하면 ■ 안의 수는 [3]보다 작아야 합니다. 따라서 ■ 안에 들어갈 수 있는 수는 [0], [ ], [ ]로 모두 [ ]개입니다.

답 ____________

주어진 식을 해석해 봐요.

73>7■

➡ 7■는 73보다 [작습니다].

2. 97<9■

10개씩 묶음의 수가 같으므로 [ ]의 수를 비교하면 ■ 안의 수는 [7]보다 커야 합니다. 따라서 ■ 안에 들어갈 수 있는 수는 [ ], [ ]로 모두 [ ]개입니다.

답 ____________

주어진 식을 해석해 봐요.

97<9■

➡ 9■는 97보다 [큽니다].

3. 64<■4

10개씩 묶음의 수가 클수록 [ ] 수이므로 ■ 안의 수는 [ ]보다 [ ] 합니다. 따라서 ■ 안에 들어갈 수 있는 수는 [7], [ ], [ ]로 모두 [ ]개입니다.

답 ____________

주어진 식을 해석해 봐요.

64<■4

➡ ■4는 64보다 [ ].

1. 색종이를 선우는 73장 가지고 있고, 민서는 67장 가지고 있습니다. 색종이를 더 많이 가지고 있는 사람은 누구일까요?

교과서 유형

73 > [ ] 이므로 [ ] 이 더 큰 수입니다.

따라서 색종이를 더 많이 가지고 있는 사람은 [ ] 입니다.

답 ____________

2. 현준이 방에 동화책이 87권, 위인전이 85권 있습니다. 동화책과 위인전 중 더 적은 책은 무엇일까요?

[ ] > [ ] 이므로 [ ] 가 더 작은 수입니다.

따라서 더 적은 책은 [ ] 입니다.

답 ____________

3. 사과가 10개씩 8봉지 있고, 귤이 10개씩 7봉지와 낱개 9개가 있습니다. 사과와 귤 중 더 많은 과일은 무엇일까요?

사과 10개씩 8봉지는 [ ] 개, 귤 10개씩 7봉지와 낱개 9개는 [ ] 개입니다. 따라서 [ ] > [ ] 이므로 사과와 귤 중 [ ] 과일은 [ ] 입니다.

답 ____________

문제에서 숫자는 ○, 조건 또는 구하는 것은 ___로 표시해 보세요.

10개씩 묶음의 수를 먼저 확인해요!

10개씩 묶음의 수가 같으면 낱개의 수를 비교해요.

1. 일주일 동안 동화책을 연서는 78쪽, 주안이는 81쪽 읽었고, 희수는 연서보다 1쪽 더 많이 읽었습니다. 동화책을 가장 많이 읽은 사람은 누구일까요?

교과서 유형

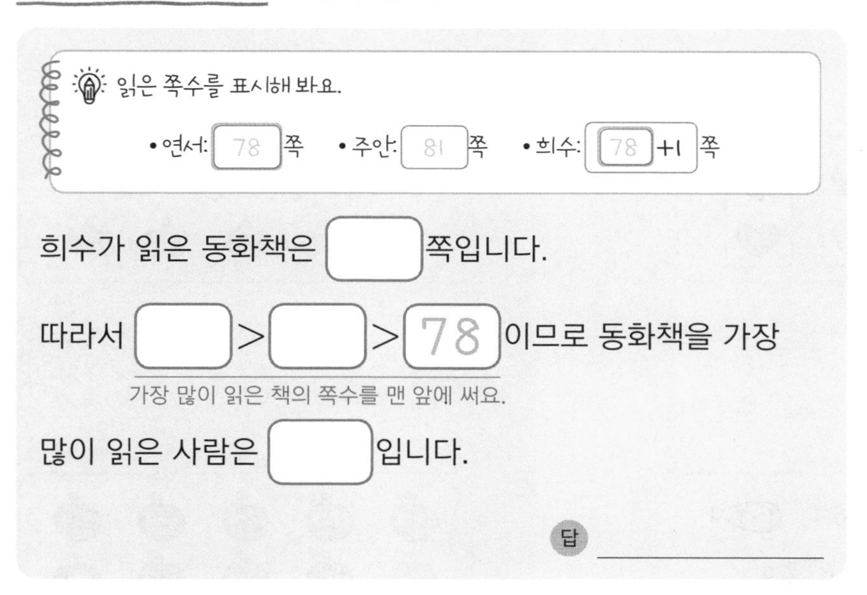
읽은 쪽수를 표시해 봐요.

• 연서: 78 쪽 • 주안: 81 쪽 • 희수: 78 +1 쪽

희수가 읽은 동화책은 □쪽입니다.

따라서 □ > □ > 78 이므로 동화책을 가장

가장 많이 읽은 책의 쪽수를 맨 앞에 써요.

많이 읽은 사람은 □입니다.

답 ________

2. 밤을 지훈이는 69개, 민석이는 73개 주웠고, 경준이는 밤을 민석이보다 1개 더 적게 주웠습니다. 밤을 가장 적게 주운 사람은 누구일까요?

경준이가 주운 밤은 □개입니다.

따라서 □ < □ < □ 이므로 밤을 가장 적게

가장 적게 주운 밤의 수를 맨 앞에 써요.

주운 사람은 □입니다.

답 ________

주운 밤의 수를 써 봐요.

• 지훈: □개

• 민석: □개

• 경준: □-1 개

04 짝수와 홀수

수를 세어 쓰고, 둘씩 짝을 지어 짝수인지 홀수인지 ○를 하세요.

1 2 3 4 5 6 7 8 9 10

• 낱개의 수가 2, 4, 6, 8, 0이면 짝수예요. ➡ 2씩 묶을 수 있어요.
• 낱개의 수가 1, 3, 5, 7, 9이면 홀수예요. ➡ 2씩 묶으면 1개가 남아요.

1. 

□개, (짝수 , 홀수)

2. 

□개, (짝수 , 홀수)

3. 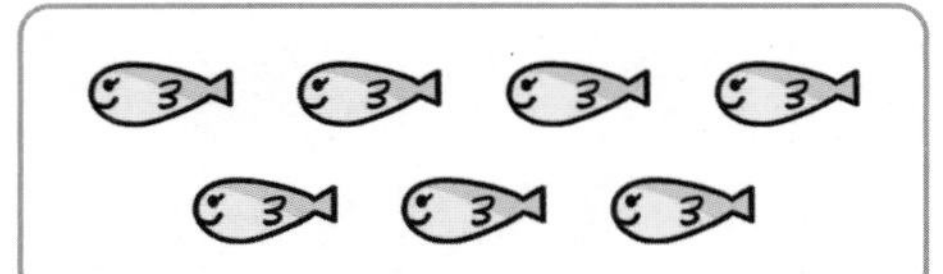

□마리, (짝수 , 홀수)

4. 

□개, (짝수 , 홀수)

짝수인지 홀수인지 알맞은 말에 ○를 하세요.

5. 12 (짝수 , 홀수)

12는 낱개의 수가 2로 짝수예요.

6. 17 (짝수 , 홀수)

17은 낱개의 수가 7로 홀수예요.

7. 26 (짝수 , 홀수)

8. 29 (짝수 , 홀수)

9. 30 (짝수 , 홀수)

10. 35 (짝수 , 홀수)

짝수를 따라 선으로 이어 보세요.

1.

출발

5 6 31 19 11

17 25 1 12 7

7 31 9 24 13

3 21 9 25 8

도착

2.

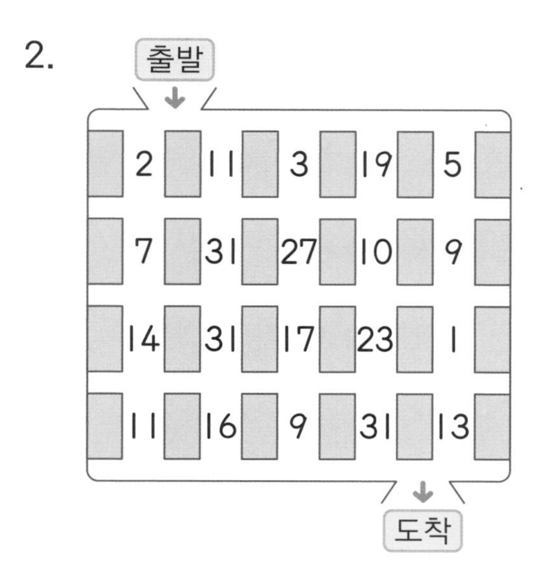

설명 낱개의 수가 [2, 4, 6,] 이면 짝수입니다.

홀수를 따라 선으로 이어 보세요.

3.

출발

2 18 10 3 8

14 20 7 16 2

8 12 4 22 11

14 20 10 25 22

도착

4.

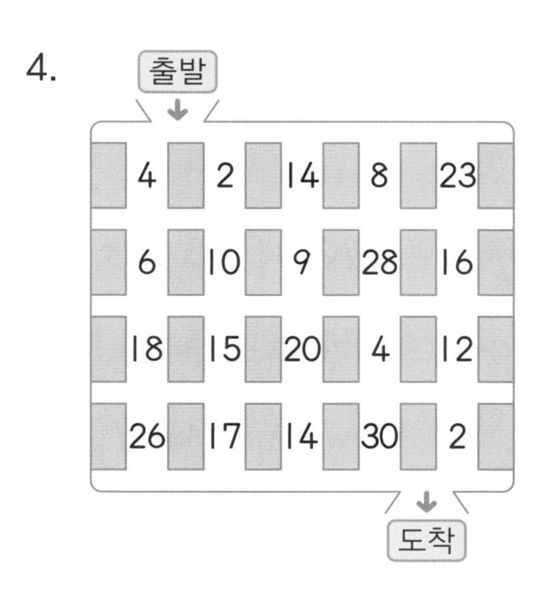

설명 낱개의 수가 [ ] 이면 홀수입니다.

1. 11부터 20까지의 수 중에서 짝수를 모두 쓰세요.

11부터 20까지의 수를 차례로 쓰면 [ ], 12, 13, 14, 15, 16, 17, 18, 19, [ ] 입니다.

이 중에서 짝수는 [ ], [ ], [ ], [ ], [ ] 입니다.

답 ____________

2. 10개씩 묶음이 3개인 수 중에서 홀수를 모두 쓰세요.

10개씩 묶음이 3개인 수는 [30] 부터 [39] 까지의 수입니다.

이 중에서 홀수는 [ ], [ ], [ ], [ ], [ ] 입니다.

답 ____________

3. 60보다 크고 70보다 작은 수 중 홀수는 모두 몇 개일까요?

교과서 유형

60보다 크고 70보다 작은 수는 [61] 부터 [69] 까지의 수입니다.

이 중에서 [ ] 는 [ ], [ ], [ ], [ ], [ ] 로 모두 [ ] 개입니다.

답 ____________

문제에서 숫자는 ○, 조건 또는 구하는 것은 ___로 표시해 보세요.

짝수와 홀수

11	12	13	14	15
16	17	18	19	20

11부터 20까지의 수를 짝수와 홀수로 나누어 표시해 보면 짝수끼리 2씩, 홀수끼리 2씩 차이가 나요.

1. 다음에서 설명하는 두 자리 수를 구하세요.

- 10개씩 묶음이 6개입니다. ❶
- 66보다 큰 수입니다.
- 짝수입니다. ❷

- 10개씩 묶음이 6개인 수: 60, 61, 62, 63, 64, 65, 66, 67, 68, 69
- 10개씩 묶음이 6개인 수 중 66보다 큰 수: ~~60~~, ~~61~~, ~~62~~, ~~63~~, ~~64~~, ~~65~~, ~~66~~, 67, 68, 69

❶ 10개씩 묶음이 6개이면서 66보다 큰 수는

☐, ☐, ☐ 입니다.

❷ 이 중에서 짝수는 ☐ 입니다.

답 ______

2. 다음에서 설명하는 두 자리 수를 구하세요.

- 10개씩 묶음이 8개입니다. ❶
- 83보다 작은 수입니다.
- 홀수입니다. ❷

❶ 10개씩 묶음이 8개이면서 83보다 작은 수는

☐, ☐, ☐ 입니다.

❷ 이 중에서 ☐ 는 ☐ 입니다.

답 ______

100까지의 수

점수 / 100

한 문제당 10점

1. 한 상자에 10개씩 들어 있는 도넛이 9상자 있습니다. 도넛은 모두 몇 개일까요?

( )

2. 수첩이 10권씩 6묶음과 낱개 8권이 있습니다. 수첩은 모두 몇 권일까요?

( )

3. □ 안에 알맞은 수를 써넣으세요.

(1) 90보다 1만큼 더 작은 수: □

(2) 90보다 1만큼 더 큰 수: □

4. 농장에 돼지가 59마리 있습니다. 닭은 돼지보다 1마리 더 많습니다. 농장에 있는 닭은 몇 마리일까요?

( )

5. 56보다 크고 62보다 작은 수는 모두 몇 개일까요?

( )

6. 구슬을 경원이는 61개, 서진이는 58개 가지고 있습니다. 구슬을 더 많이 가지고 있는 사람은 누구일까요?

( )

7. 학급문고에 역사책이 76권, 과학책이 73권 있습니다. 역사책과 과학책 중 더 적은 책은 무엇일까요?

( )

8. 줄넘기를 연서는 68번, 주안이는 71번 넘었습니다. 희수는 주안이보다 줄넘기를 1번 더 적게 넘었습니다. 줄넘기를 가장 적게 넘은 사람은 누구일까요?

( )

9. 70보다 크고 80보다 작은 수 중 짝수는 모두 몇 개일까요?

( )

10. 다음에서 설명하는 두 자리 수를 구하세요.

- 10개씩 묶음이 9개입니다.
- 93보다 작은 수입니다.
- 홀수입니다.

( )

둘째 마당

덧셈과 뺄셈(1)

학교 시험 자신감 충전!

둘째 마당에서는 세 수의 덧셈과 뺄셈, 10이 되는 더하기와 10에서 빼기를 배워요.
수학 익힘책에 나오는 중요한 유형을 문장제로 익혀 학교 시험에도 대비할 수 있어요.
[ ]를 채워 문장을 완성하면, 학교 시험 자신감 충전 완료!

공부한 날짜

05 세 수의 덧셈과 뺄셈

1. 책꽂이에 동화책이 ③권, 위인전이 ①권, 만화책이 ②권 꽂혀 있습니다. 책꽂이에 꽂혀 있는 책은 모두 몇 권일까요?

교과서 유형

문제에서 숫자는 ○, 조건 또는 구하는 것은 ___로 표시해 보세요.

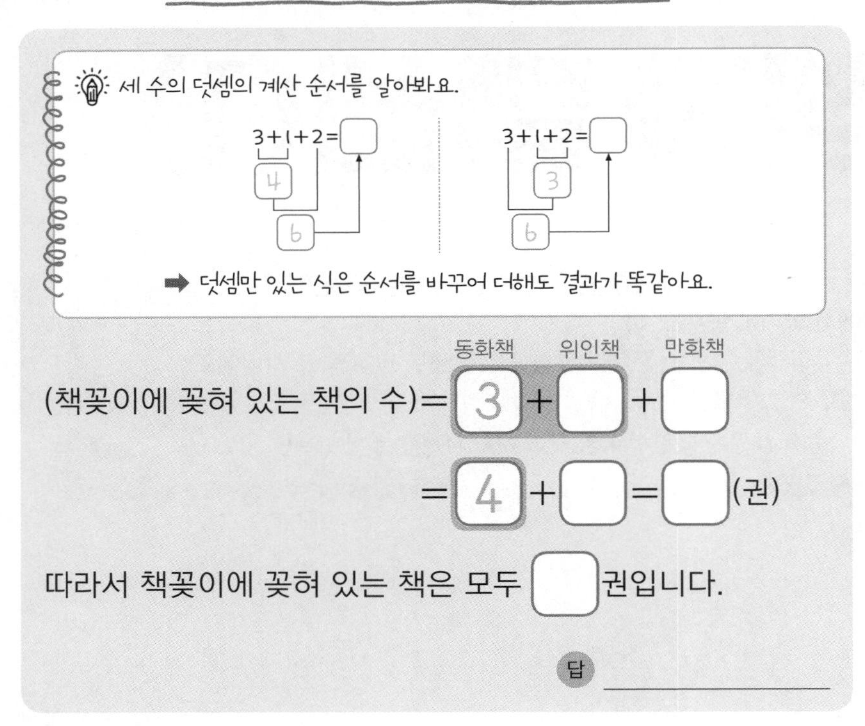

(책꽂이에 꽂혀 있는 책의 수)= 3 + □ + □

= 4 + □ = □(권)

따라서 책꽂이에 꽂혀 있는 책은 모두 □권입니다.

답 ____________

2. 하늘에 빨간색 풍선이 1개, 파란색 풍선이 3개, 초록색 풍선이 4개 떠 있습니다. 풍선은 모두 몇 개일까요?

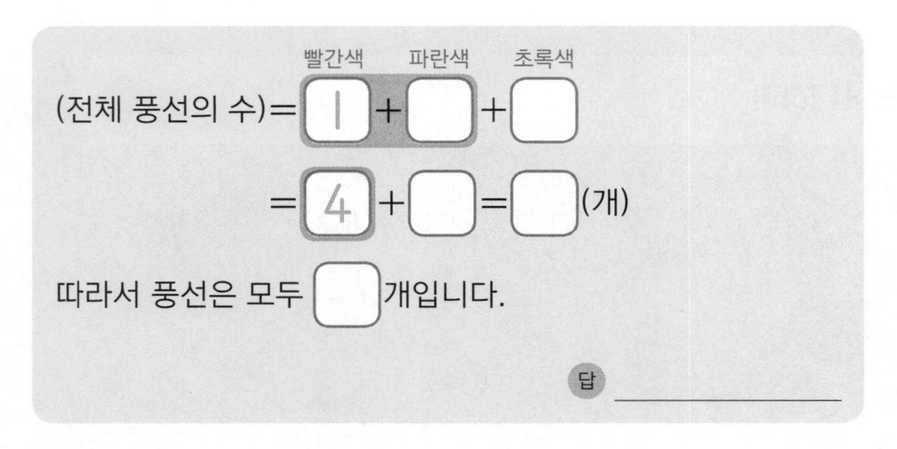

(전체 풍선의 수)= 1 + □ + □

= 4 + □ = □(개)

따라서 풍선은 모두 □개입니다.

답 ____________

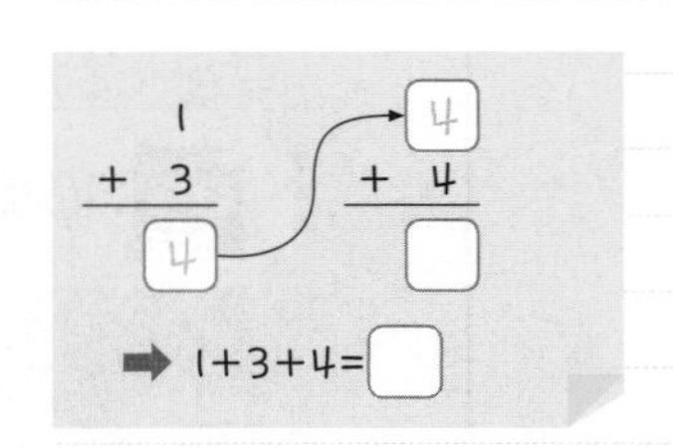

덧셈은 순서대로 계산하지 않아도 답이 나오지만, 앞에서부터 순서대로 계산하는 습관을 들여야 계산을 할 때 실수를 줄일 수 있어요.

1. 민재가 친구들과 공 던지기 놀이를 해서 골대에 넣은 공의 수입니다. 민재가 골대에 넣은 공은 모두 몇 개일까요?

민재	진호
2	3

민재	연우
3	2

민재	소정
1	4

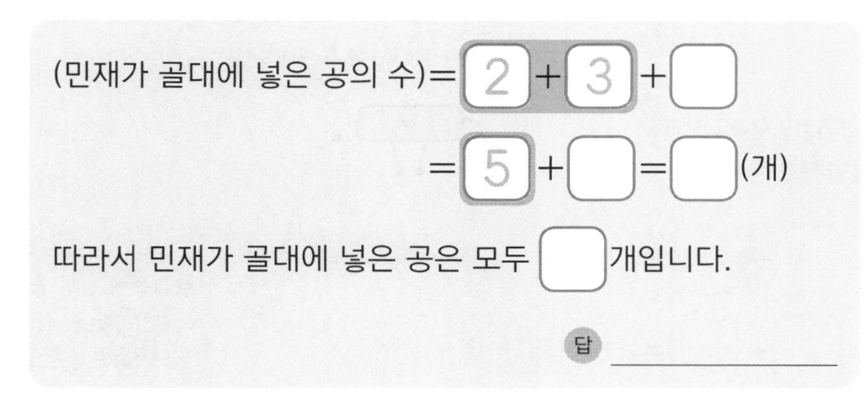

(민재가 골대에 넣은 공의 수)= 2 + 3 + □

= 5 + □ = □(개)

따라서 민재가 골대에 넣은 공은 모두 □개입니다.

답 ____________

표에서 민재가 골대에 넣은 공의 수를 모두 더하면 돼요.

2. 3개월 동안 1반과 2반이 축구 경기를 한 결과입니다. 어느 반이 골을 더 많이 넣었을까요?

교과서 유형

3월 경기 결과

1반	2반
1	2

4월 경기 결과

1반	2반
2	1

5월 경기 결과

1반	2반
3	2

(1반이 넣은 골의 수)= □(3월) + □(4월) + □(5월) = □(골)

(2반이 넣은 골의 수)= □ + □ + □ = □(골)

따라서 □반이 골을 더 많이 넣었습니다.

답 ____________

1반과 2반이 각각 3개월 동안 골을 얼마나 넣었는지 계산해 봐요!

1. 귤 6개 중에서 형이 2개를 먹고 동생이 1개를 먹었습니다. 남아 있는 귤은 몇 개일까요?

교과서 유형

문제에서 숫자는 ○, 조건 또는 구하는 것은 ___로 표시해 보세요.

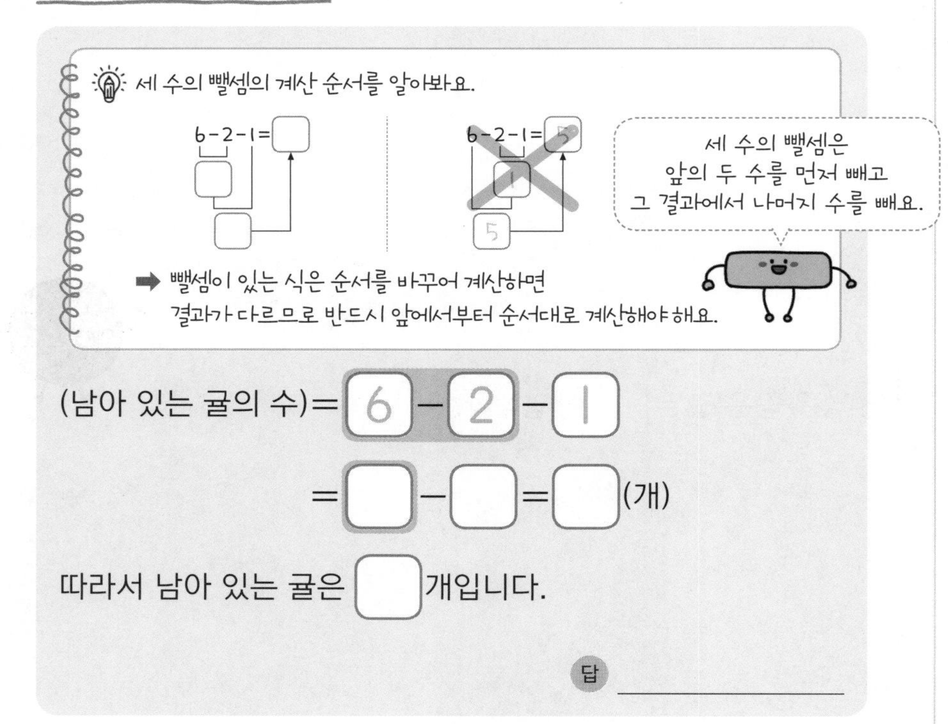

(남아 있는 귤의 수)=6−2−1

=□−□=□(개)

따라서 남아 있는 귤은 □개입니다.

답 ______

(남아 있는 귤의 수)
=(처음에 있던 귤의 수)
−(형이 먹은 귤의 수)
−(동생이 먹은 귤의 수)

2. 사탕 8개 중에서 현우가 2개를 먹고 민지가 3개를 먹었습니다. 남아 있는 사탕은 몇 개일까요?

(남아 있는 사탕의 수)
=(처음에 있던 사탕의 수)
−(현우가 먹은 사탕의 수)
−(민지가 먹은 사탕의 수)

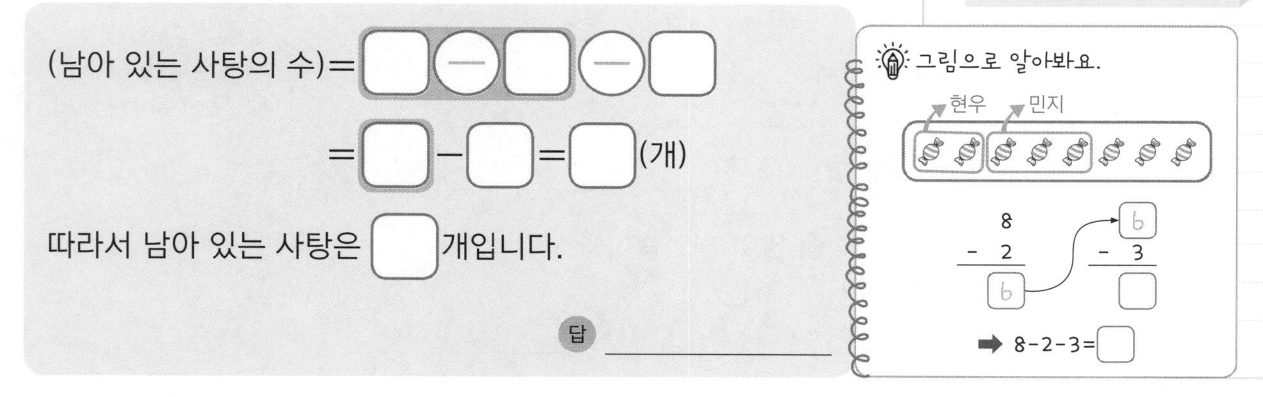

1. 버스에 ⑦명이 타고 있었습니다. 서점 앞에서 ③명이 내리고, /문구점 앞에서 ①명이 내렸습니다. 버스에 남은 사람은 몇 명일까요?

(버스에 남은 사람 수)= 7 − 3 − □
= 4 − □ = □ (명)

따라서 버스에 남은 사람은 □명입니다.

답 ____________

문제에서 숫자는 ○, 구하는 것은 ___, 긴 문장은 /로 표시하고 끊어 읽어 보세요.

(버스에 남은 사람 수)
=(처음에 버스에 타고 있던 사람 수)
 −(서점 앞에서 내린 사람 수)
 −(문구점 앞에서 내린 사람 수)

2. 음악 소리의 크기를 8칸에서 1칸을 줄이고 다시 2칸을 줄였습니다. 지금 듣고 있는 음악 소리의 크기는 몇 칸일까요?

(지금 듣고 있는 음악 소리의 크기의 칸 수)
= □ ○ □ ○ □
= □ − □ = □ (칸)

따라서 지금 듣고 있는 음악 소리의 크기는 □칸입니다.

답 ____________

3. 소유는 색종이 9장 중에서 유호에게 3장을 주고, 민지에게 2장을 주었습니다. 남은 색종이는 몇 장일까요?

(남은 색종이의 수)
=9−3　　=　　=　　(장)입니다.

따라서 남은 색종이는 □장입니다.

답 ____________

내가 가지고 있는 것을 다른 사람에게 준 것은 수가 줄어든 것이므로 뺄셈을 이용해요.

06 10이 되는 더하기, 10에서 빼기

1. 교과서 유형 빨간 풍선 ⑦개와 노란 풍선 ③개가 나뭇가지에 걸려 있습니다. 나뭇가지에 걸려 있는 풍선은 모두 몇 개일까요?

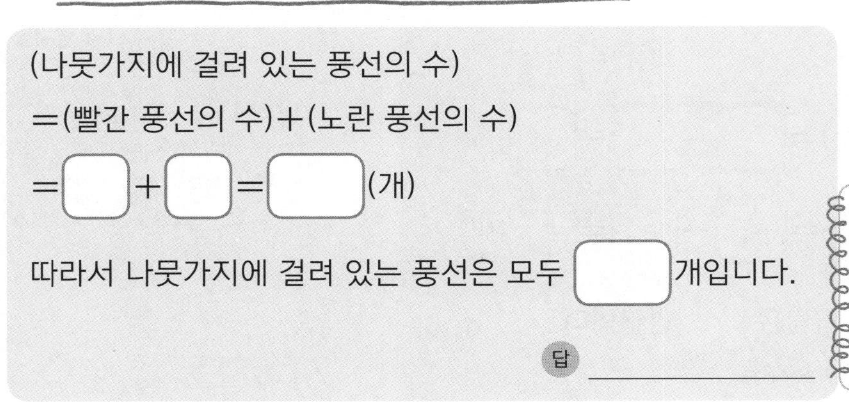

(나뭇가지에 걸려 있는 풍선의 수)
=(빨간 풍선의 수)+(노란 풍선의 수)
=□+□=□(개)
따라서 나뭇가지에 걸려 있는 풍선은 모두 □개입니다.

답 ________

문제에서 숫자는 ○, 조건 또는 구하는 것은 ___로 표시해 보세요.

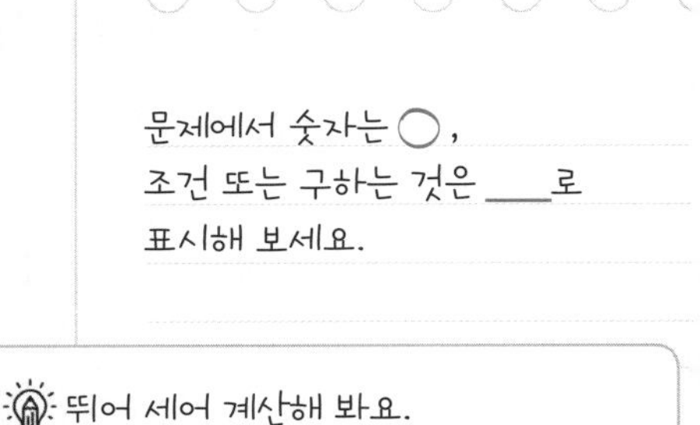

2. 다원이는 어제 송편을 6개 먹었고, 오늘 4개를 먹었습니다. 다원이가 어제와 오늘 먹은 송편은 모두 몇 개일까요?

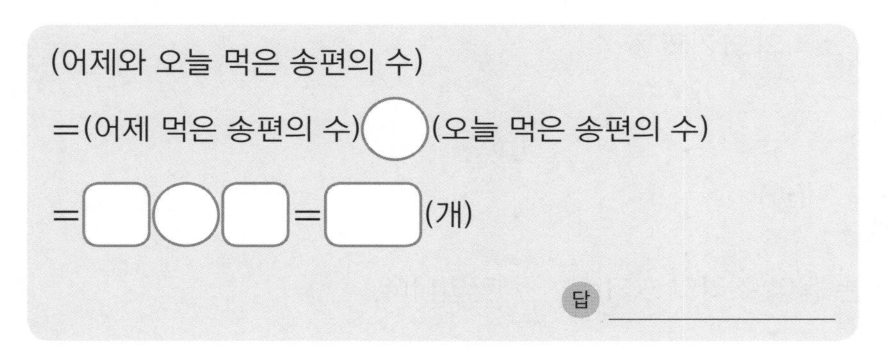

(어제와 오늘 먹은 송편의 수)
=(어제 먹은 송편의 수)○(오늘 먹은 송편의 수)
=□○□=□(개)

답 ________

1 + 9 = 10
2 + 8 = 10
3 + 7 = 10
4 + 6 = 10
5 + 5 = 10
6 + 4 = 10
7 + 3 = 10
8 + 2 = 10
9 + 1 = 10

두 수를 바꾸어 더해도 합은 같아요!

3. 수경이의 나이는 8살이고, 동생의 나이는 2살입니다. 수경이와 동생의 나이를 더하면 모두 몇 살일까요?

(수경이와 동생의 나이의 합)
=(수경이의 나이)○(동생의 나이)
=□=□(살)

답 ________

1과 9, 2와 8, 3과 7, 4와 6은 더해서 10이 되는 두 수입니다.
10이 되는 두 수를 외우고 있으면 문제를 풀 때 편리해요.

1. 교과서 유형 꽃병에 장미가 10송이 있습니다. 이 중에서 5송이를 사용해 꽃다발을 만들었다면 꽃병에 남아 있는 장미는 몇 송이일까요?

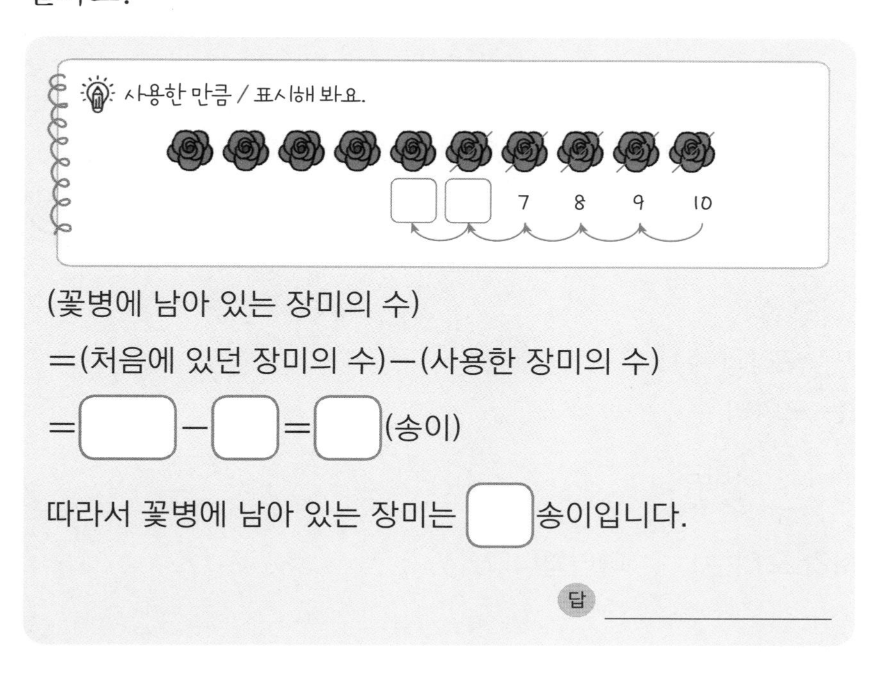

(꽃병에 남아 있는 장미의 수)

=(처음에 있던 장미의 수)−(사용한 장미의 수)

=☐−☐=☐(송이)

따라서 꽃병에 남아 있는 장미는 ☐송이입니다.

답 ______

10 − 1 = 9
10 − 2 = 8
10 − 3 = 7
10 − 4 = 6
10 − 5 = 5
10 − 6 = 4
10 − 7 = 3
10 − 8 = 2
10 − 9 = 1

10에서 4를 빼면 6이 남고, 6을 빼면 4가 남아요.

➡ 10에서 큰 수를 뺄수록 차가 작아져요.

2. 민호는 연필을 10자루 가지고 있습니다. 이 중에서 3자루를 친구에게 주었다면 남은 연필은 몇 자루일까요?

(남은 연필의 수)

=(처음에 있던 연필의 수)◯(친구에게 준 연필의 수)

=______(자루)

따라서 남은 연필은 ☐자루입니다.

답 ______

1. 연못 속에 있던 오리 10마리 중 몇 마리가 연못 밖으로 나갔더니 연못 속에 오리가 8마리만 남았습니다. 연못 밖으로 나간 오리는 몇 마리일까요?

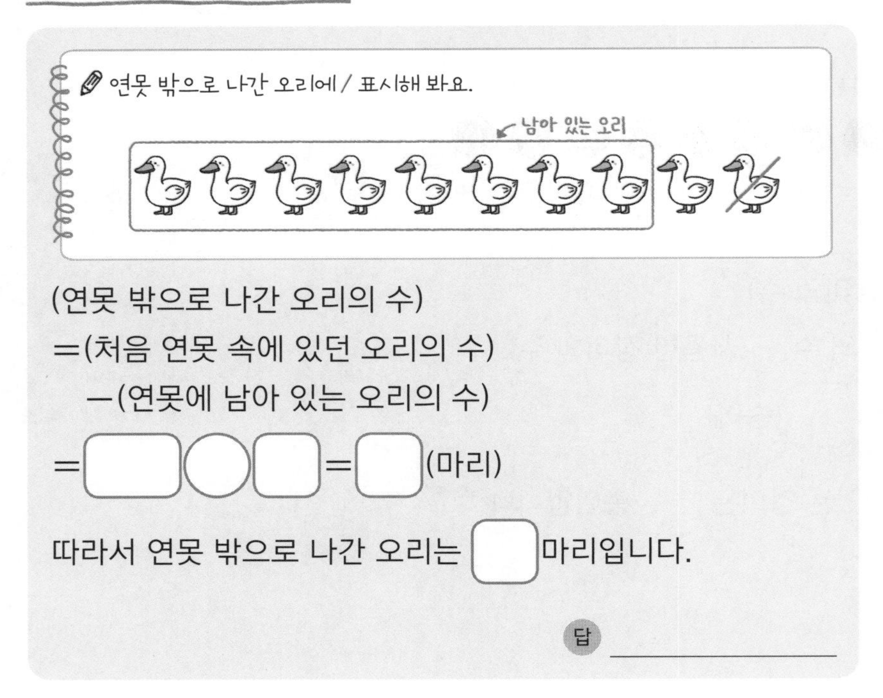

(연못 밖으로 나간 오리의 수)
=(처음 연못 속에 있던 오리의 수)
−(연못에 남아 있는 오리의 수)
=☐◯☐=☐(마리)

따라서 연못 밖으로 나간 오리는 ☐마리입니다.

답 ____________

2. 주차장에 자동차가 10대 있었습니다. 이 중에서 자동차 몇 대가 주차장을 나가고 나니 자동차가 3대만 남았습니다. 주차장을 나간 자동차는 몇 대일까요?

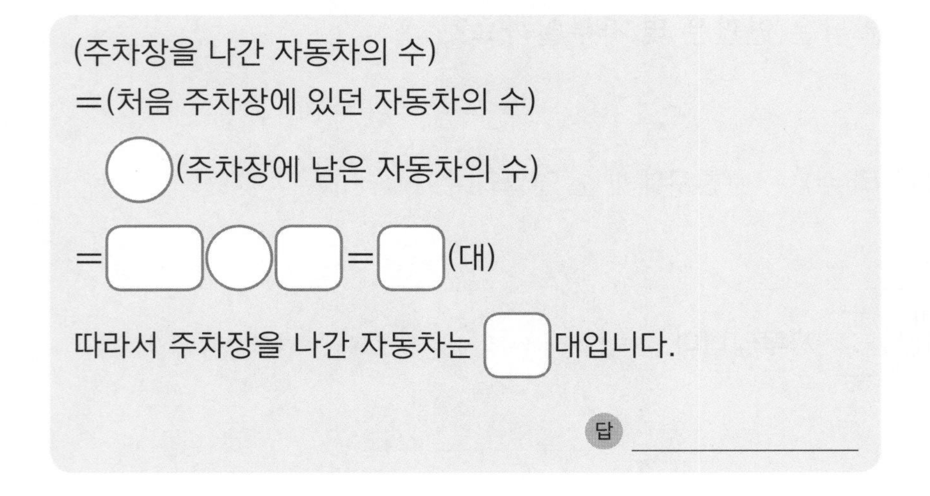

(주차장을 나간 자동차의 수)
=(처음 주차장에 있던 자동차의 수)
◯(주차장에 남은 자동차의 수)
=☐◯☐=☐(대)

따라서 주차장을 나간 자동차는 ☐대입니다.

답 ____________

1. 서하는 노란색 구슬 ⑤개와 파란색 구슬 ⑤개를 가지고 있었습니다. 이 중에서 ⑥개를 친구에게 주었다면 남은 구슬은 몇 개일까요?

(서하가 가지고 있던 구슬의 수)
=(노란색 구슬의 수)+(파란색 구슬의 수)
=☐+☐=☐(개)
(남은 구슬의 수)
=(서하가 가지고 있던 구슬의 수)−(친구에게 준 구슬의 수)
=☐−☐=☐(개)
따라서 남은 구슬은 ☐개입니다.

답 ________

순서대로 계산해 봐요.
5+5=☐
☐−6=☐

2. 정수는 흰색 돌 6개와 검은색 돌 4개를 가지고 있었습니다. 이 중에서 5개를 친구에게 주었다면 남은 돌은 몇 개일까요?

(정수가 가지고 있던 돌의 수)
=(흰색 돌의 수)◯(검은색 돌의 수)
=☐◯☐=☐(개)
(남은 돌의 수)
=(정수가 가지고 있던 돌의 수)◯(친구에게 준 돌의 수)
=☐◯☐=☐(개)
따라서 남은 돌은 ☐개입니다.

답 ________

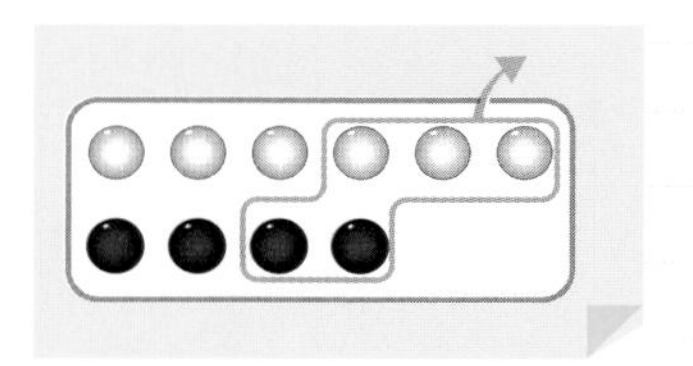

07 10을 만들어 더하기

앞의 두 수로 10을 만들어 세 수를 더해 보세요.

1. $2+8+3=\square$

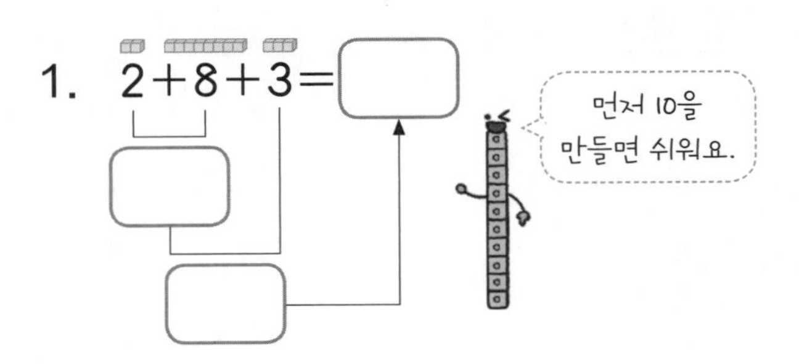

2. $5+5+7=\square$

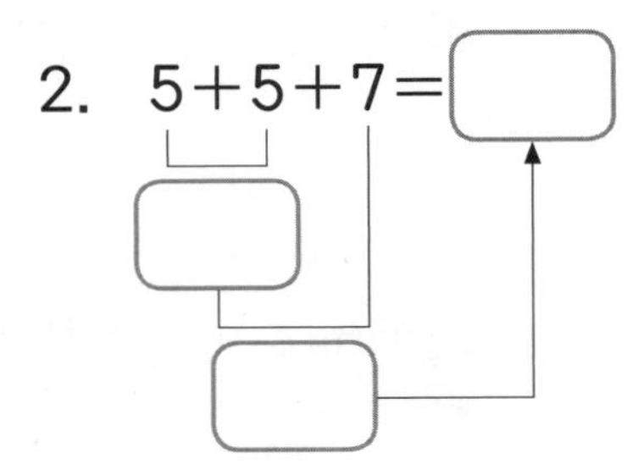

3. $4+6+5=\square$

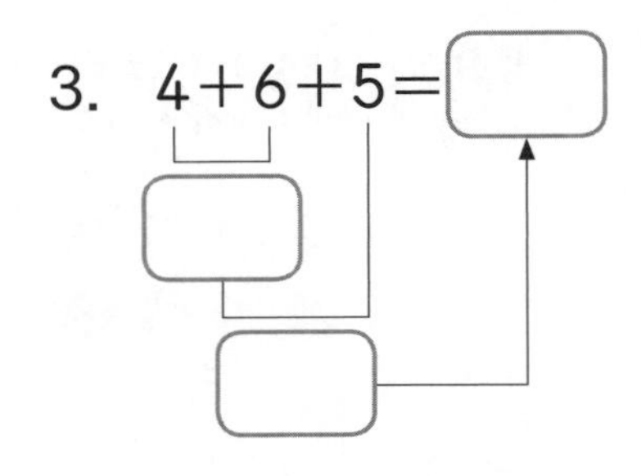

4. $7+3+4=\square$

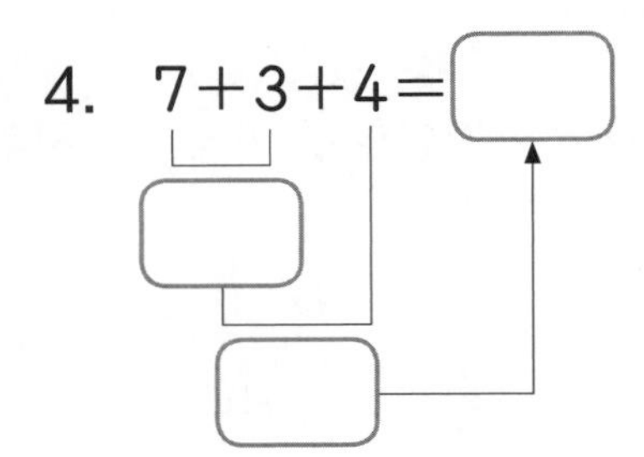

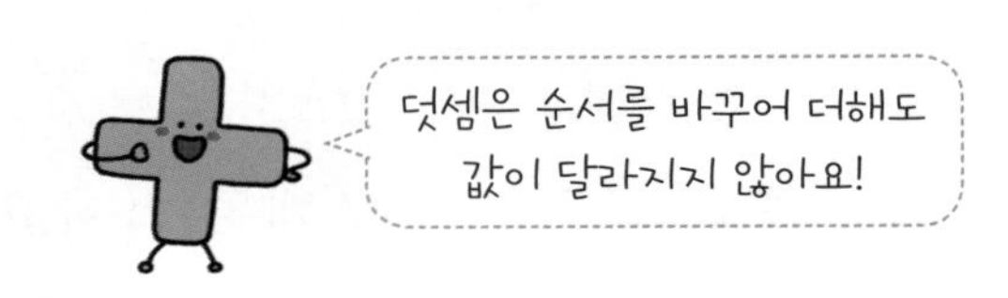

뒤의 두 수로 10을 만들어 세 수를 더해 보세요.

5. $4+8+2=\square$

6. $6+6+4=\square$

7. $7+9+1=\square$

8. $4+3+7=\square$

보기 와 같이 10이 되는 두 수를 먼저 찾아 덧셈을 하세요.

보기
②+3+⑧=13

1. 7+2+3=□

2. 7+4+6=□

3. 5+4+5=□

4. 2+7+8=□

10을 만들어 덧셈을 하세요.

5. [3] [5] [5]

□+□=10

10+□=□

6. [4] [5] [6]

□+□=10

10+□=□

7. [6] [7] [4]

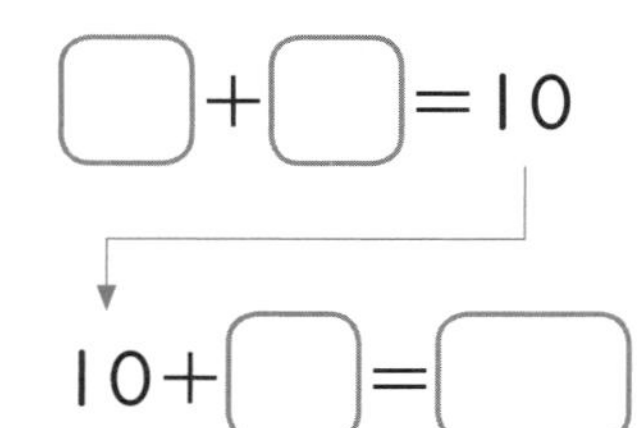

8. [5] [2] [8]

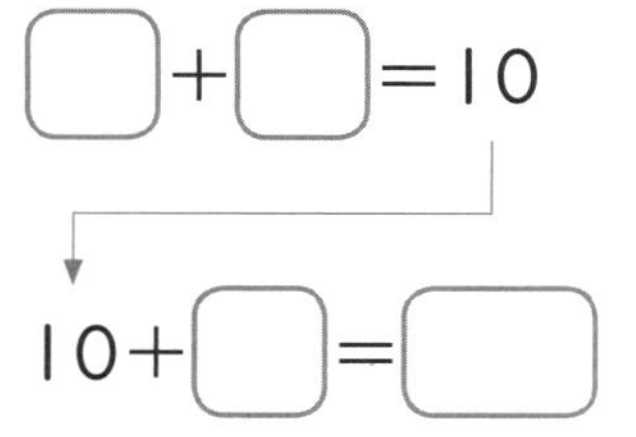

1. 준영이네 집에는 토끼가 ⑧마리, 닭이 ②마리, 오리가 ③마리 있습니다. 준영이네 집에 있는 동물은 모두 몇 마리일까요?

교과서 유형

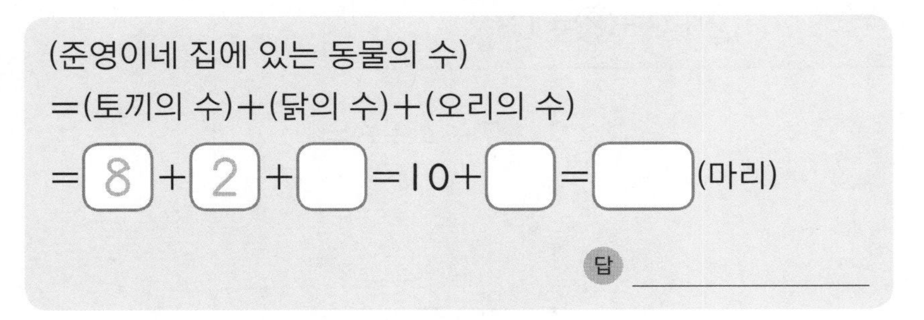

2. 다람쥐는 도토리를 아침에 6개, 점심에 4개, 저녁에 5개를 먹었습니다. 다람쥐가 먹은 도토리는 모두 몇 개일까요?

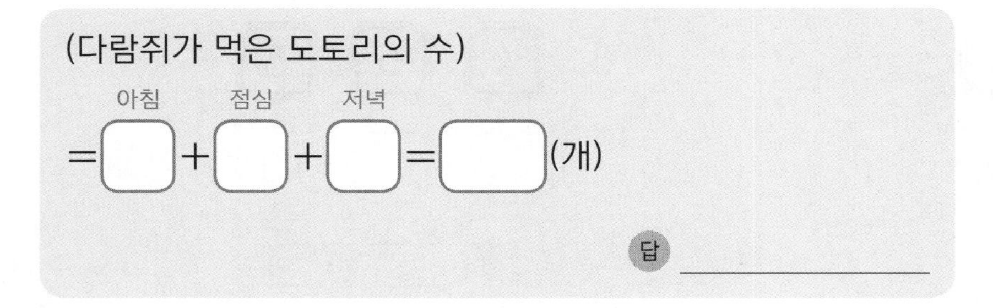

3. 성하네 가족이 자두 5개, 사과 4개, 귤 5개를 나누어 먹었습니다. 성하네 가족이 먹은 과일은 모두 몇 개일까요?

(성하네 가족이 먹은 과일의 수)

자두 사과 귤

=□+□+□=□(개)

답 ________

10이 되는 두 수를 찾아 먼저 계산해요.

문제에서 숫자는 ○, 조건 또는 구하는 것은 ___로 표시해 보세요.

앞의 두 수로 10을 만들어 계산해요.

1. 유진이는 하마 인형을 ③개, 강아지 인형을 ④개, 곰 인형을 ⑥개 가지고 있습니다. 유진이가 가지고 있는 인형은 모두 몇 개일까요?

교과서 유형

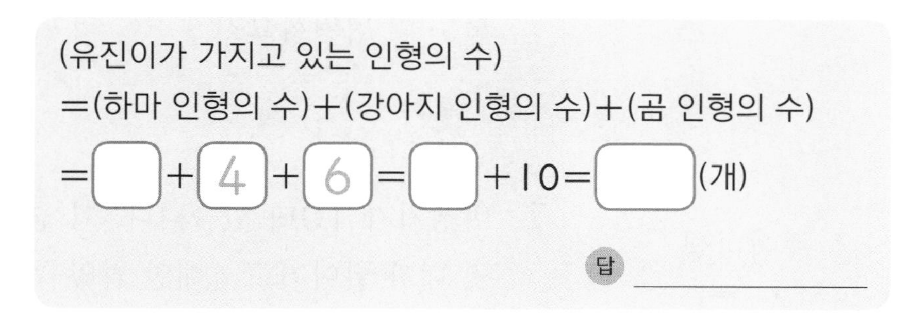

뒤의 두 수로 10을 만들어 계산해요.

2. 수지는 고리 던지기를 하여 1회에 5개, 2회에 6개, 3회에 5개를 걸었습니다. 수지가 걸은 고리는 모두 몇 개일까요?

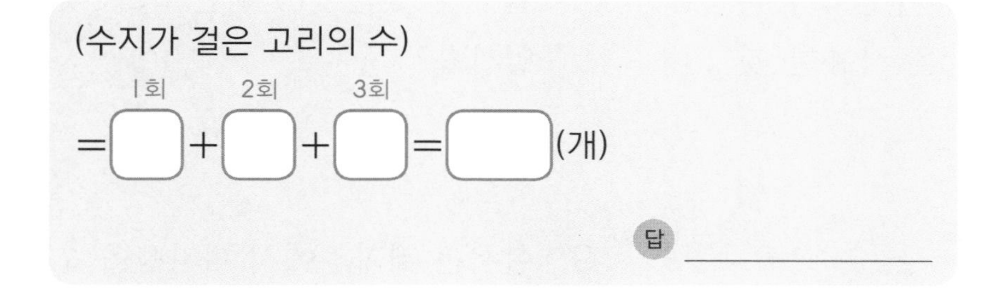

3. 지영이는 제과점에서 피자빵을 4개, 크림빵을 7개, 치즈빵을 3개 샀습니다. 지영이가 산 빵은 모두 몇 개일까요?

(지영이가 산 빵의 수)

피자빵 크림빵 치즈빵

=□+□+□=□(개)

답 ____________

덧셈과 뺄셈(1)

점수 / 100
한 문제당 10점

1. 접시에 과일 맛 사탕이 6개, 땅콩 맛 사탕이 1개, 콜라 맛 사탕이 2개 있습니다. 접시에 있는 사탕은 모두 몇 개일까요?

( )

2. 색종이 9장 중에서 5장은 종이비행기를, 2장은 종이배를 접었습니다. 색종이는 몇 장 남았을까요?

( )

3. 재석이는 장미꽃을 접는 데 색종이를 6장 사용했습니다. 색종이를 4장 더 사용한다면 모두 몇 장을 사용한 것일까요?

( )

4. 딸기가 10개 있었습니다. 그중에서 현주가 7개를 먹었습니다. 남아 있는 딸기는 몇 개일까요?

( )

5. 수아는 젤리를 아침에 5개, 저녁에 5개 먹었습니다. 수아가 먹은 젤리는 모두 몇 개일까요?

( )

6. 마을버스에 9명이 타고 있었습니다. 다음 정류장에서 1명이 더 탔습니다. 지금 마을버스에 타고 있는 사람은 모두 몇 명일까요?

( )

7. 비행기가 10대 있습니다. 이 중에서 몇 대가 날아가고 4대만 남았습니다. 날아간 비행기는 몇 대일까요?

( )

8. 필통에 색연필이 빨간색 7자루, 파란색 3자루, 보라색 5자루가 있습니다. 필통에 있는 색연필은 모두 몇 자루일까요?

( )

9. 현서는 제과점에서 피자빵을 4개, 크림빵을 2개, 치즈빵을 8개 샀습니다. 현서가 산 빵은 모두 몇 개일까요?

( )

10. 민재네 반에서 안경을 쓴 학생을 조사하였더니 1모둠은 3명, 2모둠은 2명, 3모둠은 8명이 있었습니다. 민재네 반에서 안경을 쓴 학생은 모두 몇 명일까요?

( )

셋째 마당

모양과 시각

셋째 마당은 1학기 때 배운 <여러 가지 모양>에 이어서 **평평한 표면을 가진 도형을 공부**해요. '뾰족한', '둥근' 처럼 모양을 설명하는 표현을 잘 익혀두세요. 주변 물건에서 □, △, ○ 모양을 찾아보고, 특징을 말해 보는 것도 좋은 공부 방법이에요.

□를 채워 문장을 완성하면, 학교 시험 자신감 충전 완료!

공부한 날짜

08 여러 가지 모양 알아보기/꾸미기

알맞은 모양에 ○를 하세요.

1. (■, ▲, ●) 모양은 둥근 부분이 있습니다.

2. (■, ▲, ●) 모양은 뾰족한 부분이 4군데입니다.

3. (■, ▲, ●) 모양은 뾰족한 부분이 3군데입니다.

그림을 보고 물음에 답하세요.

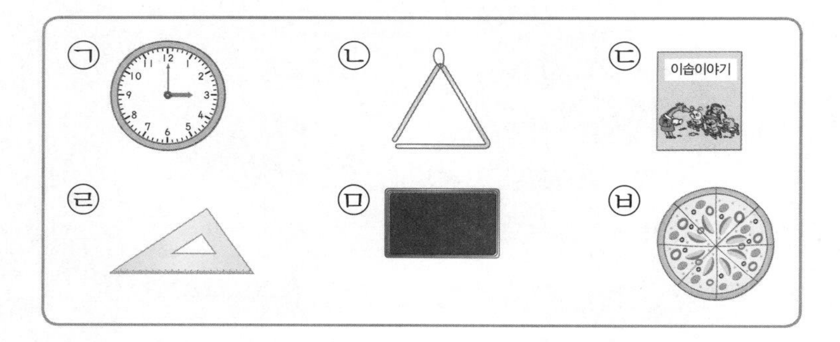

시계와 피자는 ● 모양, 트라이앵글과 삼각자는 ▲ 모양, 책과 칠판은 ■ 모양이에요.

4. 뾰족한 부분이 4군데인 것을 모두 찾아 기호를 쓰세요.

____

5. 뾰족한 부분이 3군데인 것을 모두 찾아 기호를 쓰세요.

____

6. 둥근 부분이 있는 것을 모두 찾아 기호를 쓰세요.

____

뾰족한 부분이 없고 둥근 모양이라면 ● 모양, 뾰족한 부분이 3군데이고 곧은 선이 3개 있다면 ▲ 모양, 뾰족한 부분이 4군데이고 곧은 선이 4개 있다면 ■ 모양이에요.

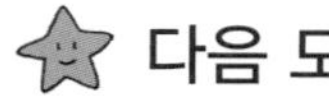

다음 모양을 꾸미는 데 이용한 모양과 그 특징을 찾아 ○를 하세요.

1.

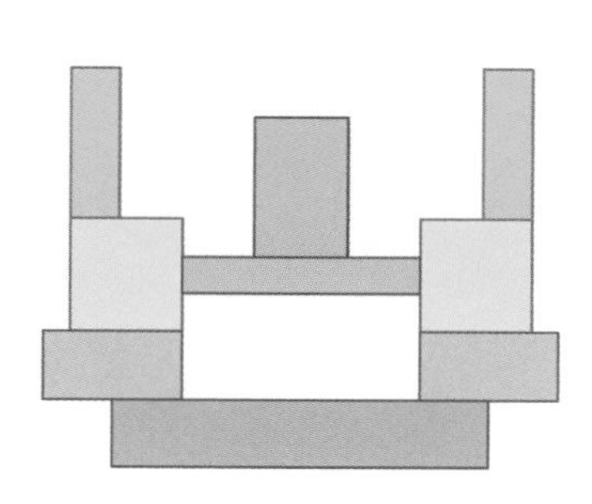

(1) 모양 찾기

(■ , ▲ , ●) 모양

(2) 특징 찾기

① (곧은 선 , 굽은 선)으로 되어 있습니다.

② 뾰족한 부분이 (3군데 , 4군데)입니다.

2.

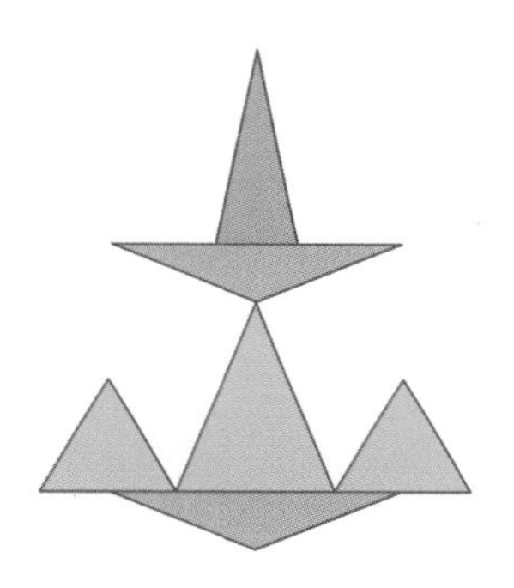

(1) 모양 찾기

(■ , ▲ , ●) 모양

(2) 특징 찾기

① (곧은 선 , 굽은 선)으로 되어 있습니다.

② 뾰족한 부분이 (3군데 , 4군데)입니다.

3.

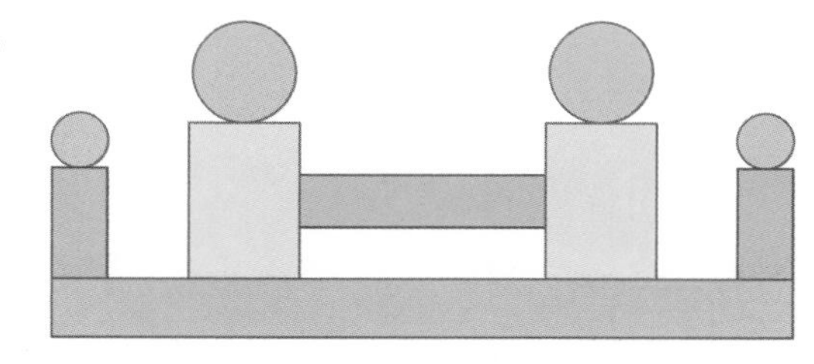

(1) 모양 찾기

(■ , ▲ , ●) 모양

모양을 꾸미는 데 2가지 모양을 사용했어요.

(2) 특징 찾기

① ■ 모양은

(뾰족한 부분 , 둥근 부분)이 있습니다.

② ● 모양은

(뾰족한 부분 , 둥근 부분)이 있습니다.

1. 그림에서 가장 많이 사용한 모양은 어떤 모양일까요?

교과서 유형

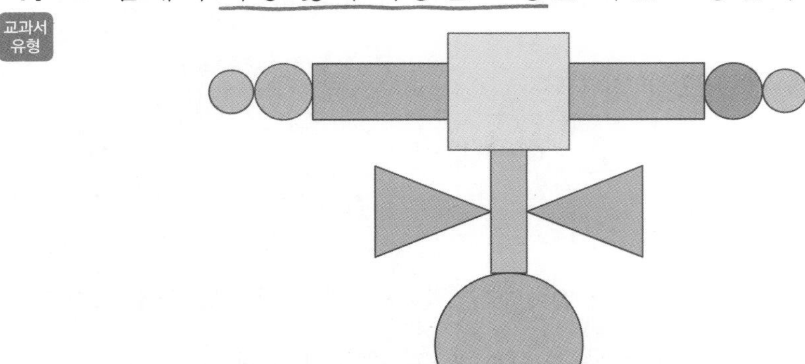

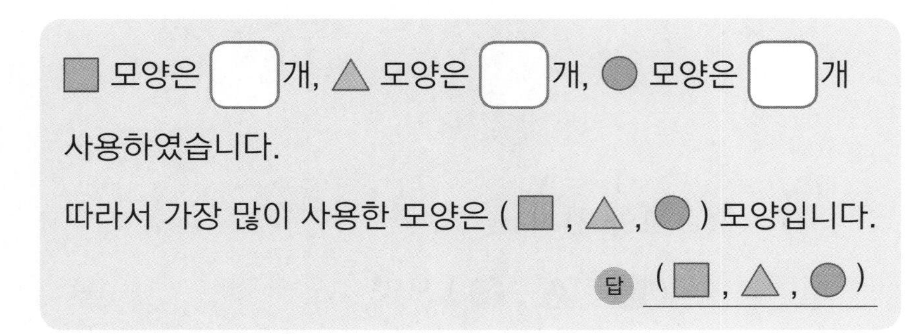

■ 모양은 ☐개, ▲ 모양은 ☐개, ● 모양은 ☐개 사용하였습니다.

따라서 가장 많이 사용한 모양은 (■, ▲, ●) 모양입니다.

답 (■, ▲, ●)

2. 그림에서 가장 많이 사용한 모양은 어떤 모양일까요?

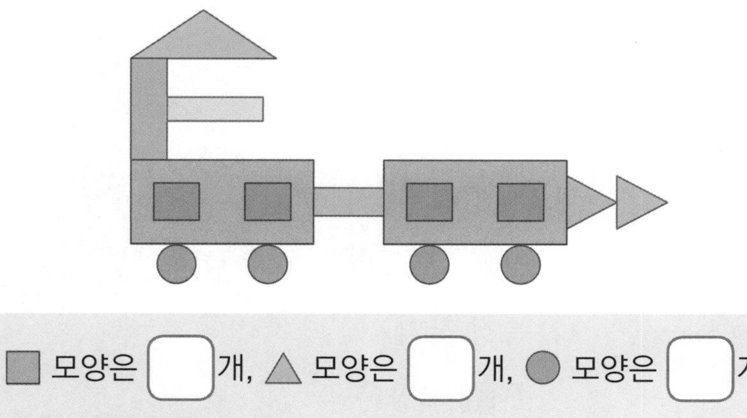

■ 모양은 ☐개, ▲ 모양은 ☐개, ● 모양은 ☐개 사용하였습니다.

따라서 가장 많이 사용한 모양은 (■, ▲, ●) 모양입니다.

답 (■, ▲, ●)

문제에서 구하는 것을 ___로 표시해 보세요.

1. 그림에서 가장 적게 사용한 모양은 어떤 모양일까요?

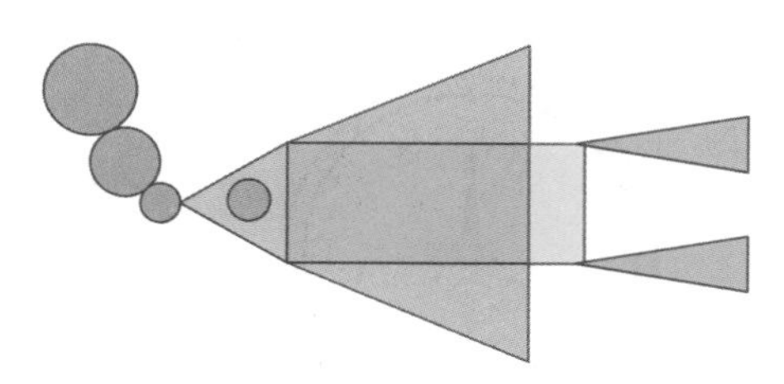

■ 모양은 ☐개, ▲ 모양은 ☐개, ● 모양은 ☐개
사용하였습니다.

따라서 가장 적게 사용한 모양은 (■ , ▲ , ●) 모양입니다.

답 (■ , ▲ , ●)

2. 그림에서 가장 적게 사용한 모양은 어떤 모양일까요?

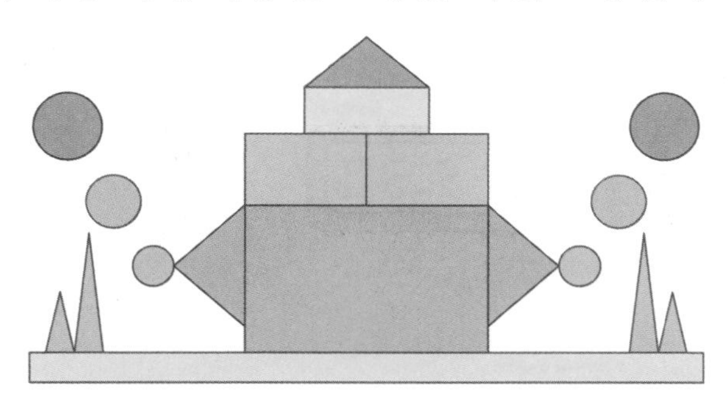

■ 모양은 ☐개, ▲ 모양은 ☐개, ● 모양은 ☐개
사용하였습니다.

따라서 가장 적게 사용한 모양은 (■ , ▲ , ●) 모양입니다.

답 (■ , ▲ , ●)

09 몇 시, 몇 시 30분

주어진 시각을 나타내는 시계를 모두 찾아 ○를 하세요.

1.

5시 ➡

( ) ( ) ( )

긴바늘이 12를 가리킬 때 짧은바늘이 가리키는 숫자를 읽으면 '몇 시'를 나타내요.

2.

12시 ➡

12:00

( ) ( ) ( )

3.

2시 30분 ➡

2:30

( ) ( ) ( )

긴바늘이 6을 가리킬 때 '몇 시 30분'을 나타내요.

4.

9시 30분 ➡

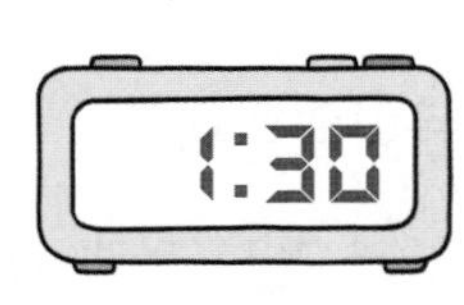

( ) ( ) ( )

시각을 바르게 읽은 것을 찾아 ◯를 하세요.

1.

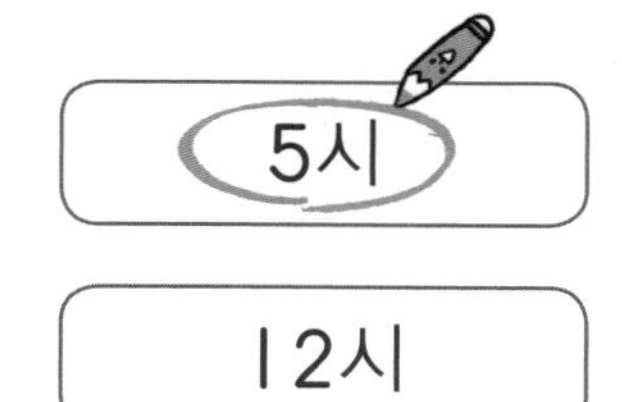

12시

2.

7시

8시

3.

2시 30분

3시 30분

4.

6시 9분

9시 30분

5.

한 시

열두 시

6.

넷 시

네 시

7.

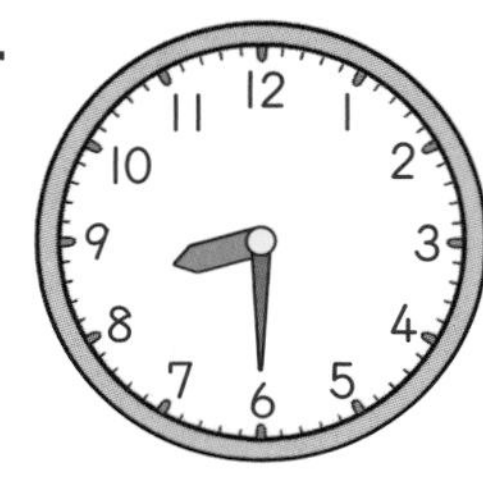

여덟 시 삼십 분

아홉 시 삼십 분

8.

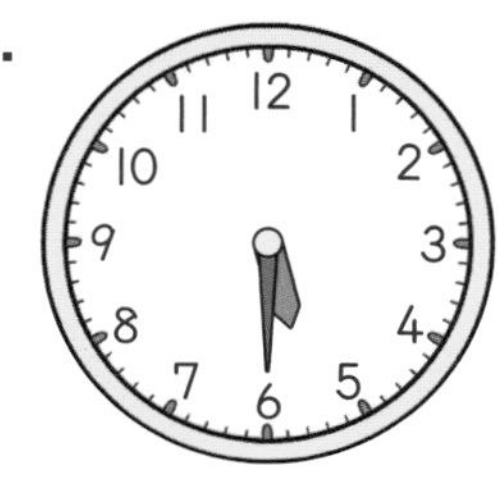

다섯 시 육 분

다섯 시 삼십 분

1. 지수가 학원에 간 시각은 몇 시일까요?

시계의 짧은바늘이 [ ], 긴바늘이 [ ]를 가리킵니다.

따라서 지수가 학원에 간 시각은 [ ]시입니다.

답 ________

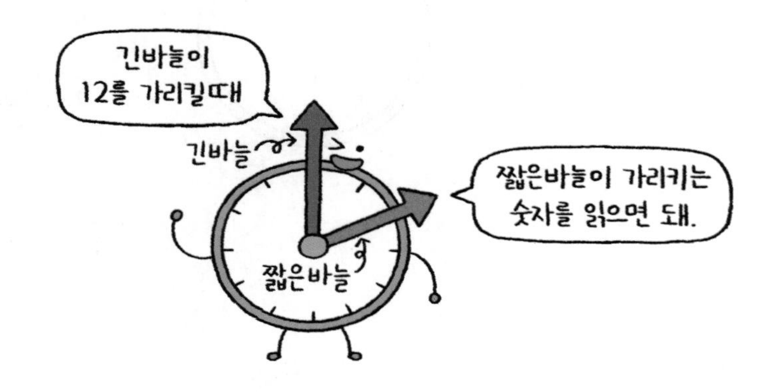

2. 민재가 책을 읽기 시작한 시각은 몇 시일까요?

시계의 짧은바늘이 [ ], 긴바늘이 [ ]를 가리킵니다.

따라서 민재가 책을 읽기 시작한 [ ]은 [ ]시입니다.

답 ________

문제에서
구하는 것을 ____로
표시해 보세요.

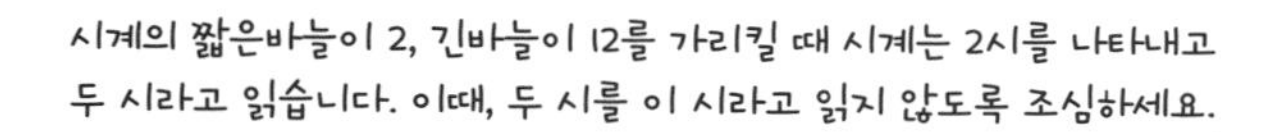

1. 현아가 강아지 산책을 시킨 시각은 몇 시 몇 분일까요?

짧은바늘이 ☐와 ☐의 가운데, 긴바늘이 ☐을 가리킵니다.

따라서 현아가 강아지 산책을 시킨 시각은 ☐시 ☐분입니다.

답 ____________

2. 도하네 가족이 집에 도착한 시각은 몇 시 몇 분일까요?

짧은바늘이 ☐와 ☐의 가운데, 

이 ☐을 가리킵니다.

따라서 도하네 가족이 집에 도착한 ☐은 ☐시 ☐분입니다.

답 ____________

모양과 시각

점수 / 100

한 문제당 10점

⭐ 알맞은 모양에 ○를 하세요. [1 ~ 2]

1. 트라이앵글은 (■ , ▲ , ●) 모양입니다.

2. 동전은 (■ , ▲ , ●) 모양입니다.

3. 뾰족한 부분이 4군데인 것을 찾아 기호를 쓰세요.

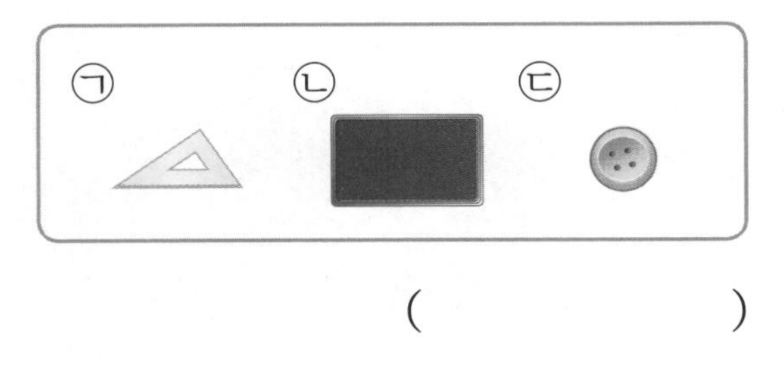

( )

⭐ 그림을 보고 물음에 답하세요. [4 ~ 5]

4. ● 모양은 ▲ 모양보다 몇 개 더 많이 사용했을까요?

( )

5. 그림에서 가장 적게 사용한 모양은 어떤 모양일까요?

(■ , ▲ , ●)

⭐ □ 안에 알맞은 수나 말을 써넣으세요. [6 ~ 7]

6. 2시는 시계의 짧은바늘이 □, 긴바늘이 □를 가리킵니다.

7. 8시 30분은 시계의 □바늘이 □과 □의 가운데, 긴바늘이 □을 가리킵니다.

8. 지금 시각은 1시입니다. 짧은바늘이 가리키는 숫자는 무엇일까요?

( )

9. 지금 시각은 6시 30분입니다. 긴바늘이 가리키는 숫자는 무엇일까요?

( )

10. 성수는 시계의 짧은바늘이 11, 긴바늘이 12를 가리킬 때 서점에 도착하였습니다. 성수가 서점에 도착한 시각을 쓰세요.

( )

넷째 마당

덧셈과 뺄셈(2)

넷째 마당에서는 **받아올림과 받아내림이 있는 덧셈과 뺄셈**을 배워요.
10을 만들어 더하거나 빼면 더 쉬워요.
이번 마당을 끝내면 덧셈과 뺄셈에 좀 더 자신감이 생길 거예요.
☐를 채워 문장을 완성하면, 학교 시험 자신감 충전 완료!

10 덧셈하기

☆ □ 안에 알맞은 수를 써넣으세요.

1.

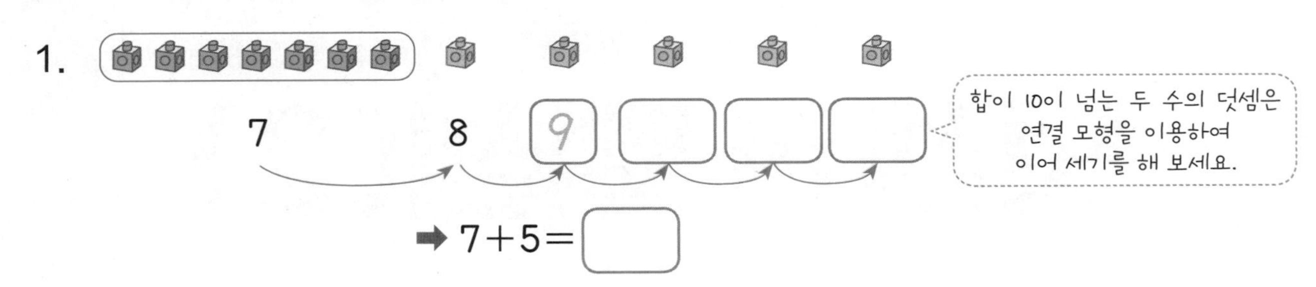

➡ 7+5=□

2.

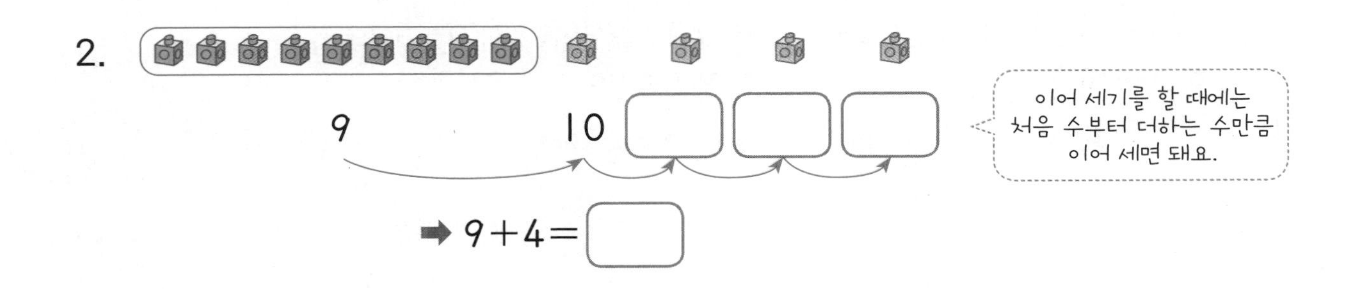

➡ 9+4=□

3. 2+9=□ (1, 1)

4. 6+8=□ (4, 2)

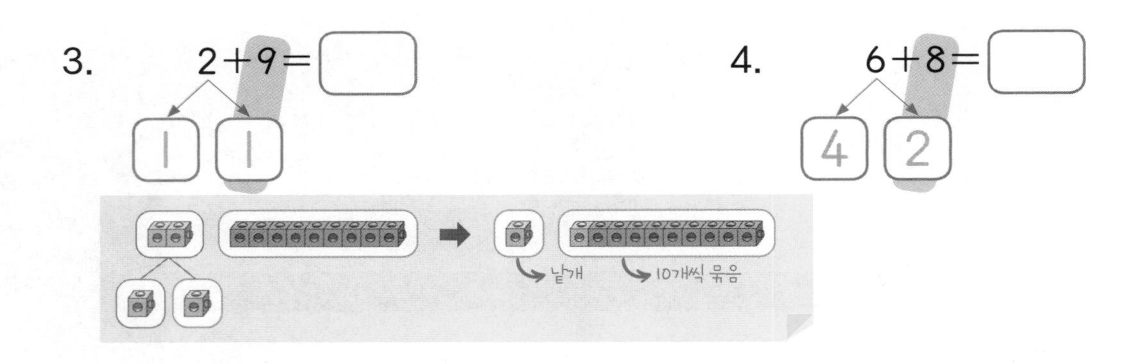

5. 8+5=□ (□, □)

6. 6+5=□ (□, □)

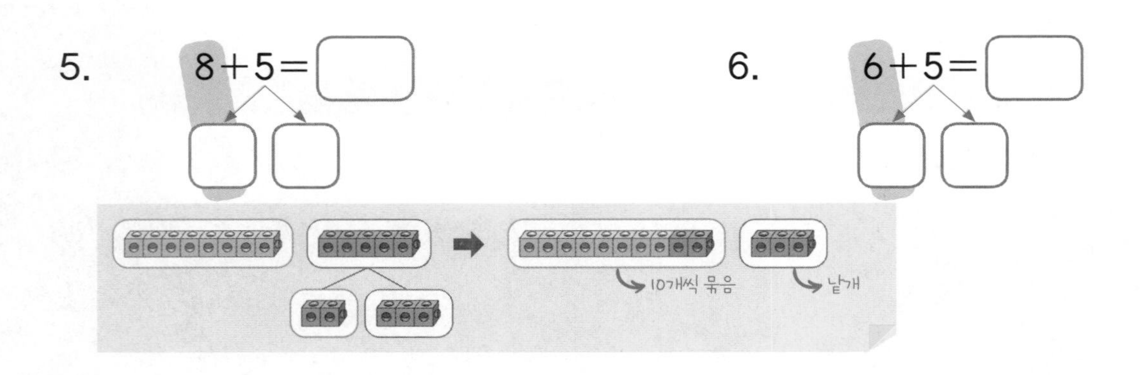

두 수의 합이 10보다 큰 경우 10을 먼저 만들면 쉬워요. 예를 들어 8+4에서 4를 2와 2로 가른 다음, 8과 2를 더해 10을 만들고 남은 2를 더하면 12가 돼요.

1. 냉장고에 흰 우유 ⑥개, 초코우유 ⑤개가 있습니다. 냉장고에 있는 우유는 모두 몇 개일까요?

교과서 유형

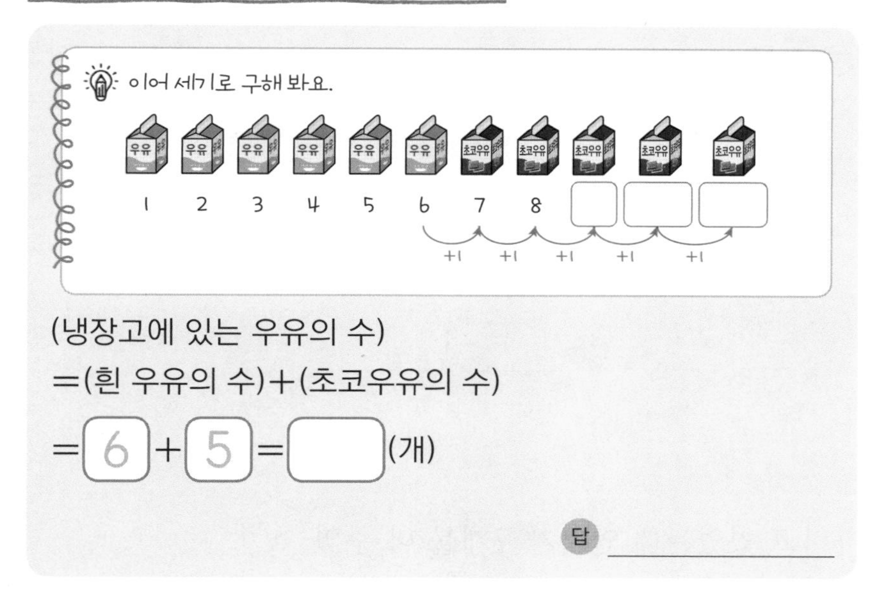

(냉장고에 있는 우유의 수)
=(흰 우유의 수)+(초코우유의 수)
=6+5=☐(개)

답 ______

문제에서 숫자는 ○, 조건 또는 구하는 것은 ___로 표시해 보세요.

2. 크림 붕어빵이 5개, 팥 붕어빵이 7개 있습니다. 붕어빵은 모두 몇 개일까요?

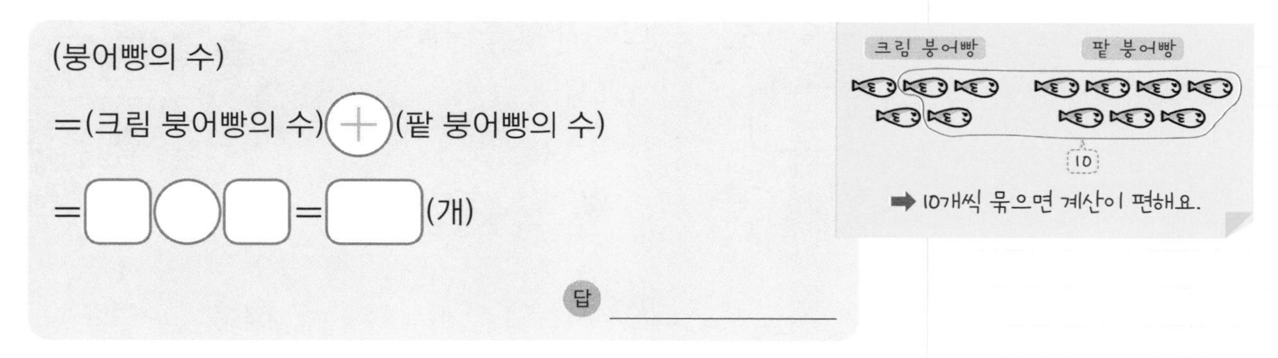

(붕어빵의 수)
=(크림 붕어빵의 수)+(팥 붕어빵의 수)
=☐○☐=☐(개)

답 ______

➡ 10개씩 묶으면 계산이 편해요.

3. 교실 벽에 타일을 주희가 8개, 지호가 6개를 붙였습니다. 두 사람이 교실 벽에 붙인 타일은 모두 몇 개일까요?

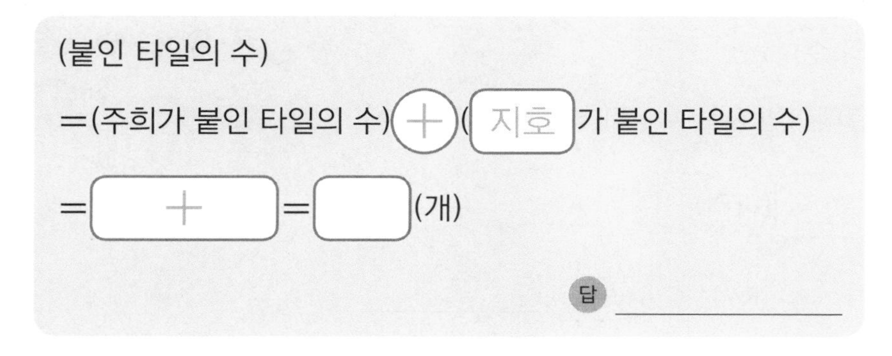

(붙인 타일의 수)
=(주희가 붙인 타일의 수)+(지호가 붙인 타일의 수)
=☐+☐=☐(개)

답 ______

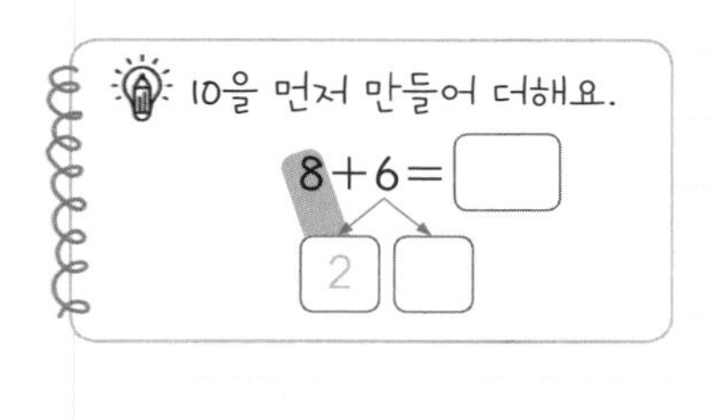

문제에서 숫자는 ○,
조건 또는 구하는 것은 ___로
표시해 보세요.

1. 민서는 어제까지 양말 인형을 ⑨개 만들었는데 오늘 ②개를 더 만들었습니다. 민서가 만든 양말 인형은 모두 몇 개일까요?

교과서 유형

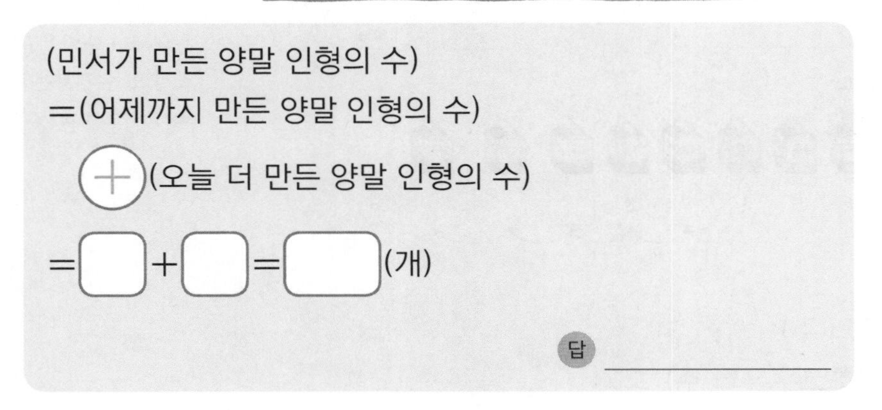

10을 먼저 만들어 더해요.
9+2=□
1 1

2. 세미는 구슬을 6개 가지고 있었는데 언니가 7개를 더 주었습니다. 세미가 가지고 있는 구슬은 모두 몇 개일까요?

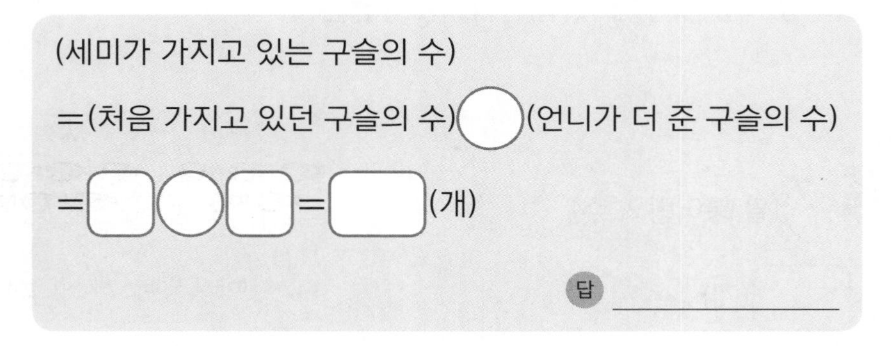

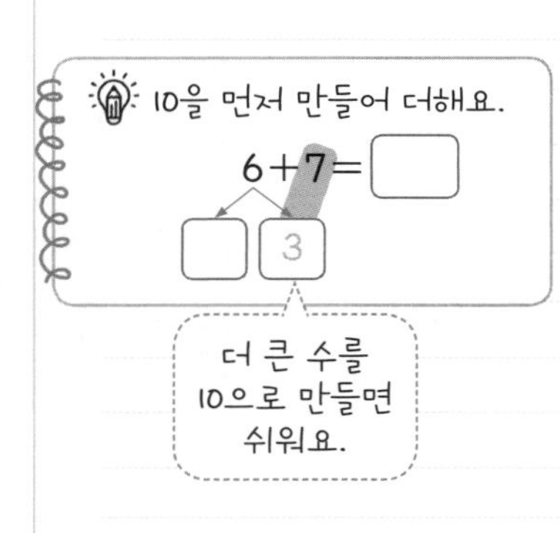

3. 어항에 열대어 5마리가 있었는데 새로 산 열대어 9마리를 더 넣었습니다. 어항에 있는 열대어는 모두 몇 마리일까요?

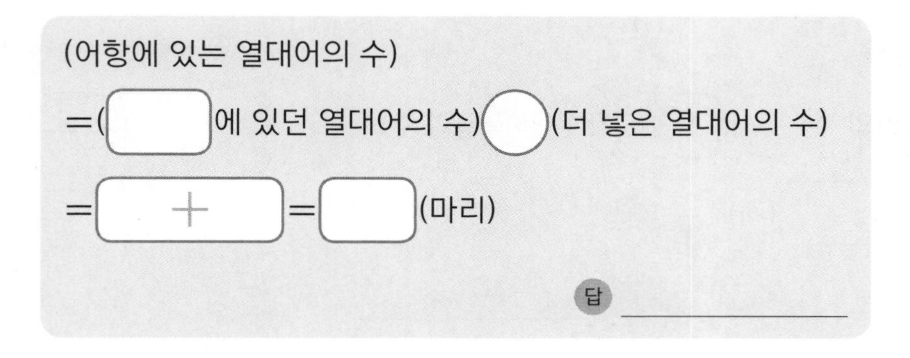

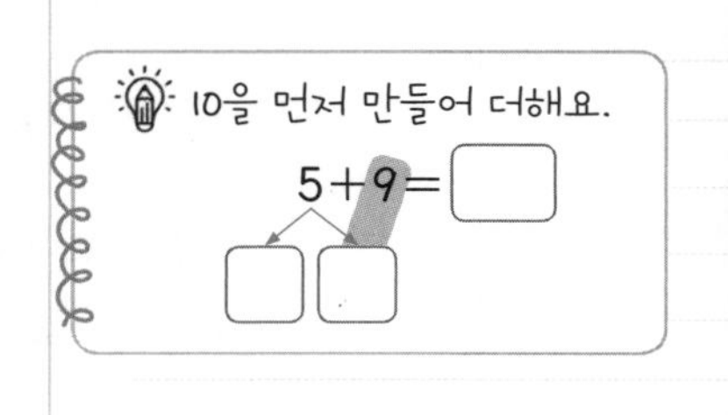

1. 지수의 나이는 8살이고, 언니의 나이는 지수보다 3살 더 많습니다. 언니의 나이는 몇 살일까요?

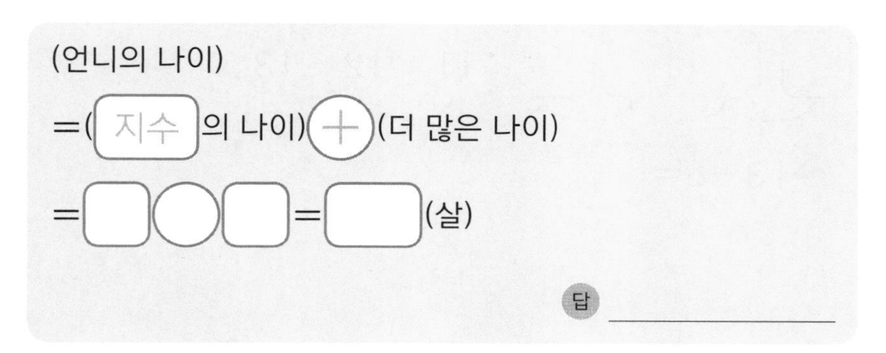

2. 풍선을 성하는 4개 가지고 있고, 재희는 성하보다 8개 더 많이 가지고 있습니다. 재희가 가지고 있는 풍선은 몇 개일까요?

(재희가 가지고 있는 풍선의 수)
=(□가 가지고 있는 풍선의 수)
○(더 많이 가지고 있는 풍선의 수)
=□○□=□(개)

답 ______

3. 안경을 쓴 학생은 8명이고, 안경을 쓰지 않은 학생은 안경을 쓴 학생보다 9명 더 많습니다. 안경을 쓰지 않은 학생은 몇 명일까요?

(안경을 쓰지 않은 학생의 수)
=(□을 쓴 학생의 수)○(더 □ 학생의 수)
=□=□(명)

답 ______

11 뺄셈하기

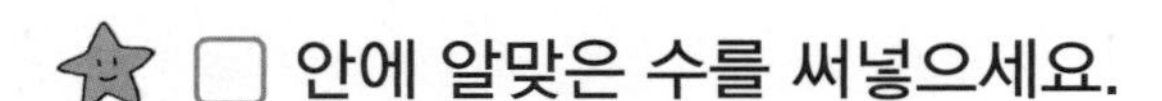

□ 안에 알맞은 수를 써넣으세요.

1\.

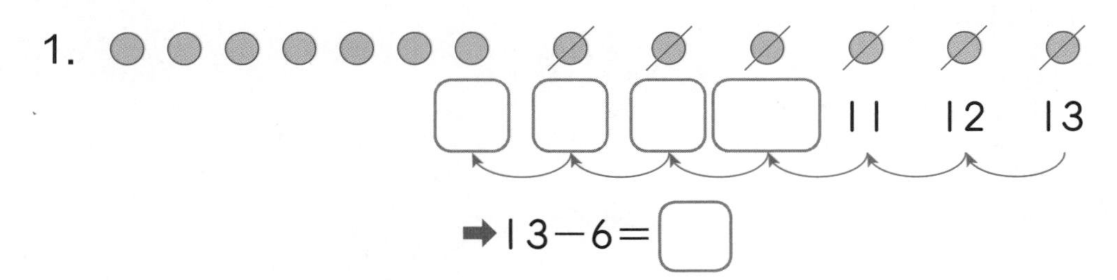

➡ $13-6=$ □

2\.

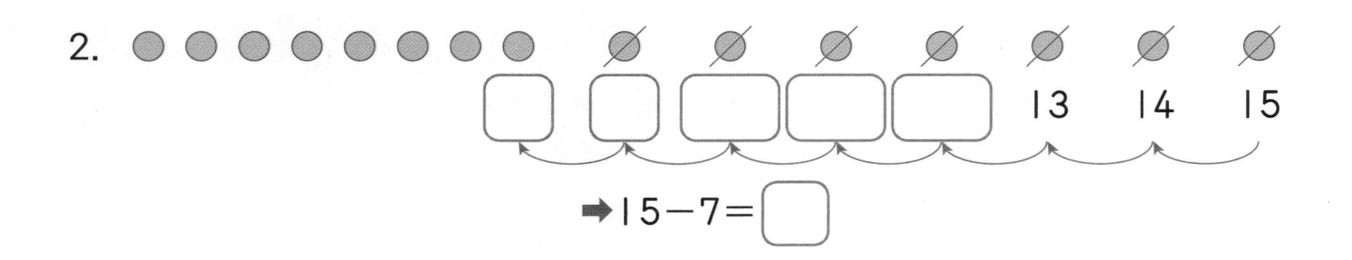

➡ $15-7=$ □

3\. $14-6=$ □

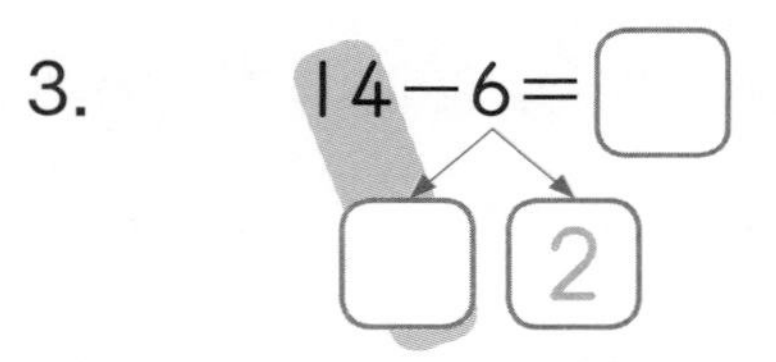

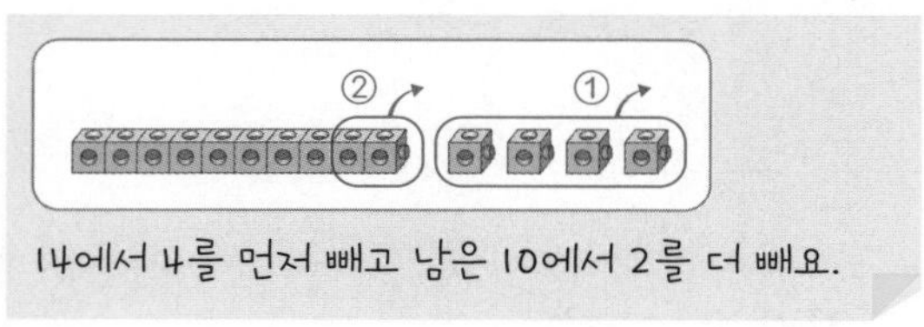

14에서 4를 먼저 빼고 남은 10에서 2를 더 빼요.

4\. $17-9=$ □

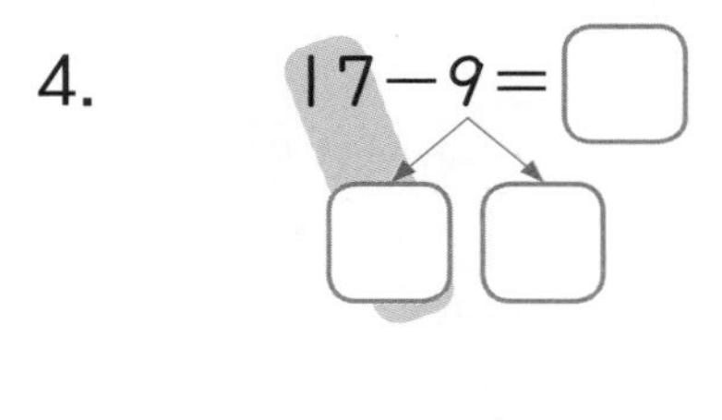

5\. $14-6=$ □

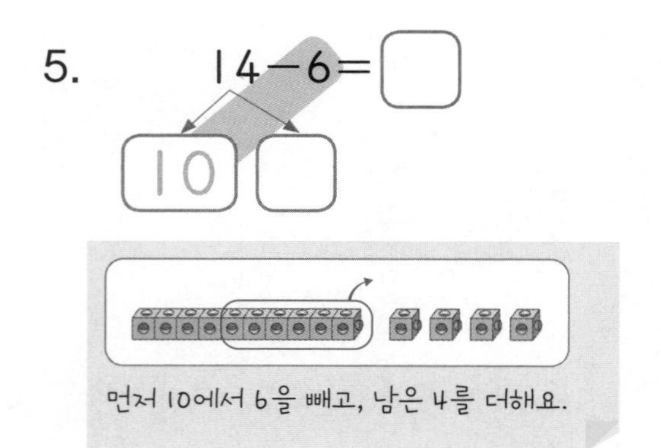

먼저 10에서 6을 빼고, 남은 4를 더해요.

6\. $17-9=$ □

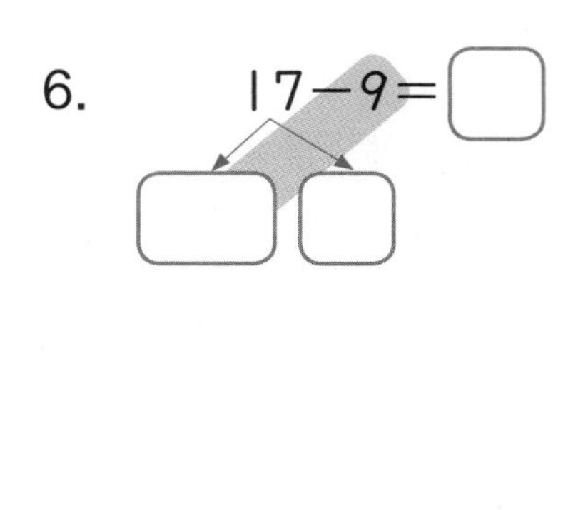

1. 페트병이 11개 있습니다. 이 중에서 3개를 분리배출했습니다. 남은 페트병은 몇 개일까요?

교과서 유형

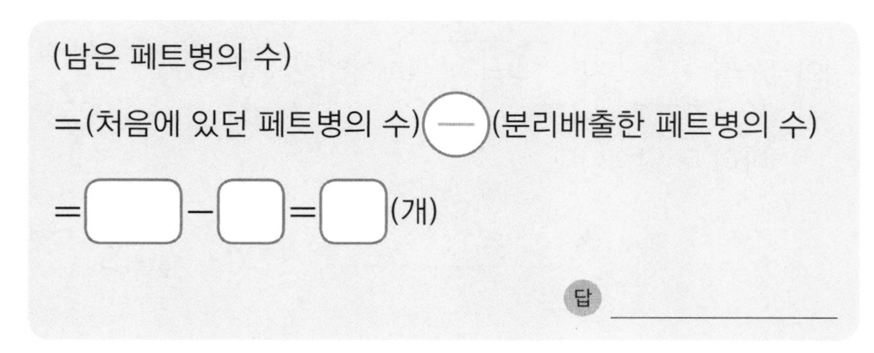

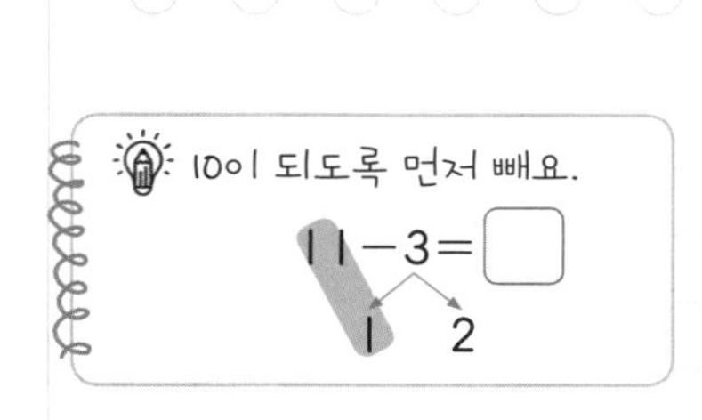

2. 주차장에 자동차가 16대 있습니다. 이 중에서 7대가 빠져나갔다면 주차장에 남아 있는 자동차는 몇 대일까요?

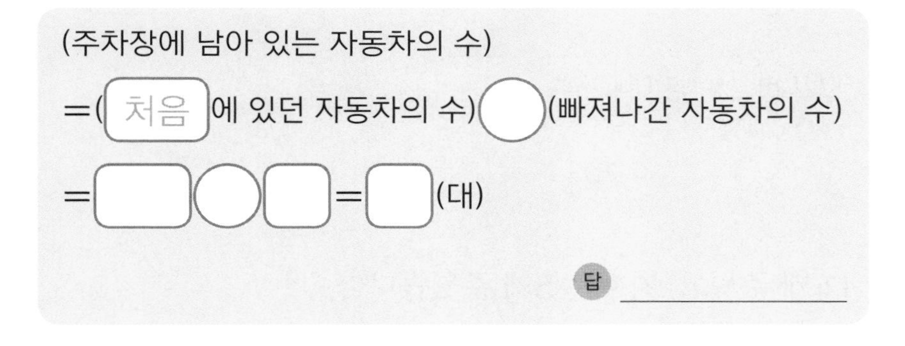

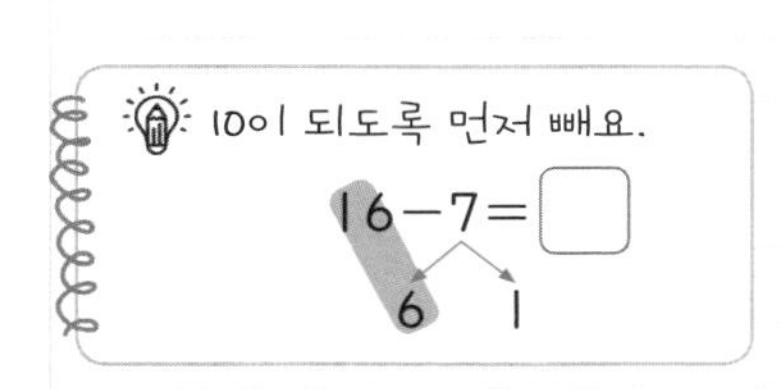

3. 찬영이는 연필을 15자루 가지고 있습니다. 동생에게 8자루를 주었다면 남은 연필은 몇 자루일까요?

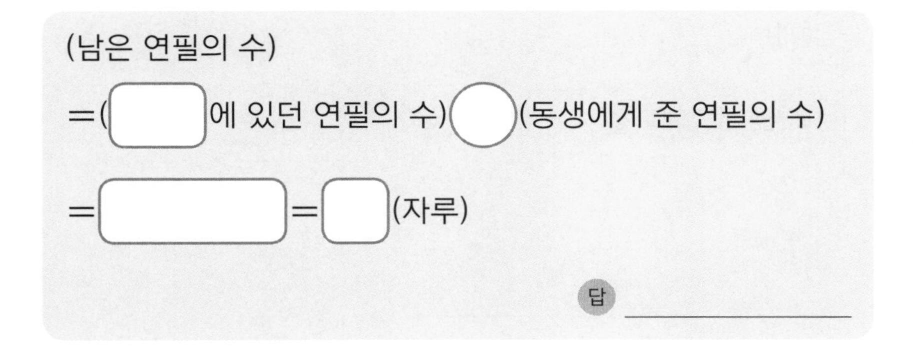

1\. 마당에 오리가 12마리, 닭이 7마리 있습니다. 오리는 닭보다 몇 마리 더 많을까요?

교과서 유형

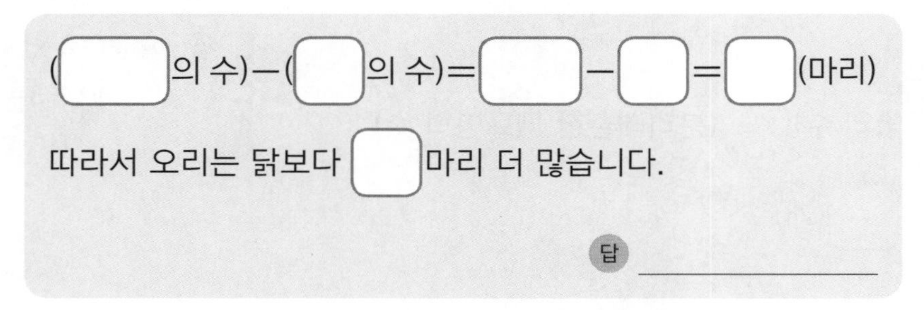

2\. 진혁이네 반에는 남학생이 13명, 여학생이 9명 있습니다. 남학생은 여학생보다 몇 명 더 많을까요?

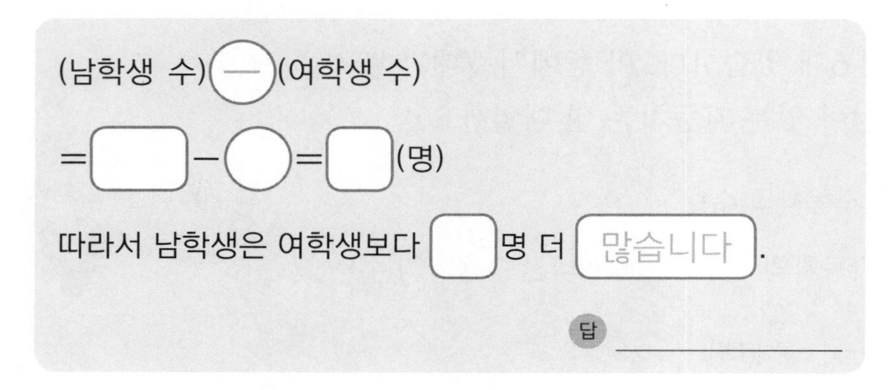

3\. 조개껍데기를 소희는 14개 주웠고, 지수는 6개 주웠습니다. 소희는 지수보다 조개껍데기를 몇 개 더 많이 주웠을까요?

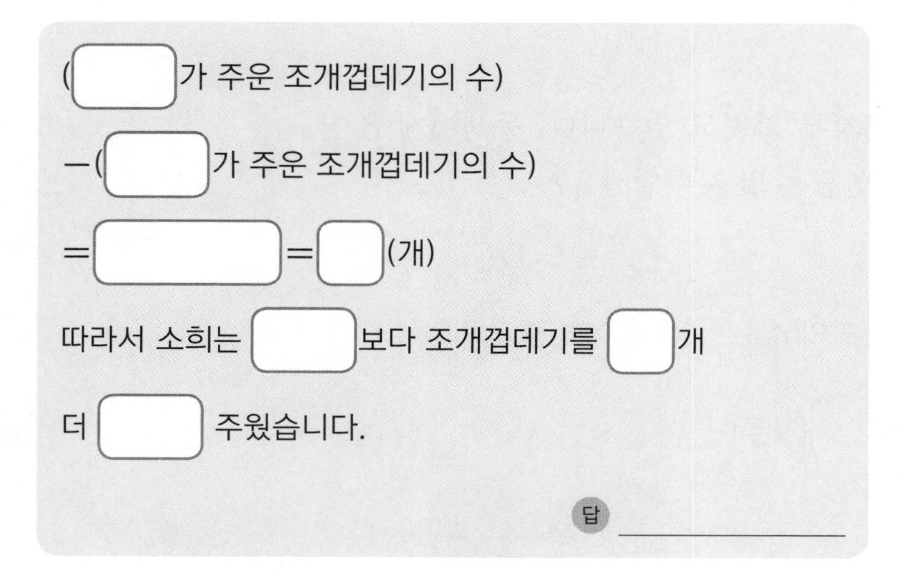

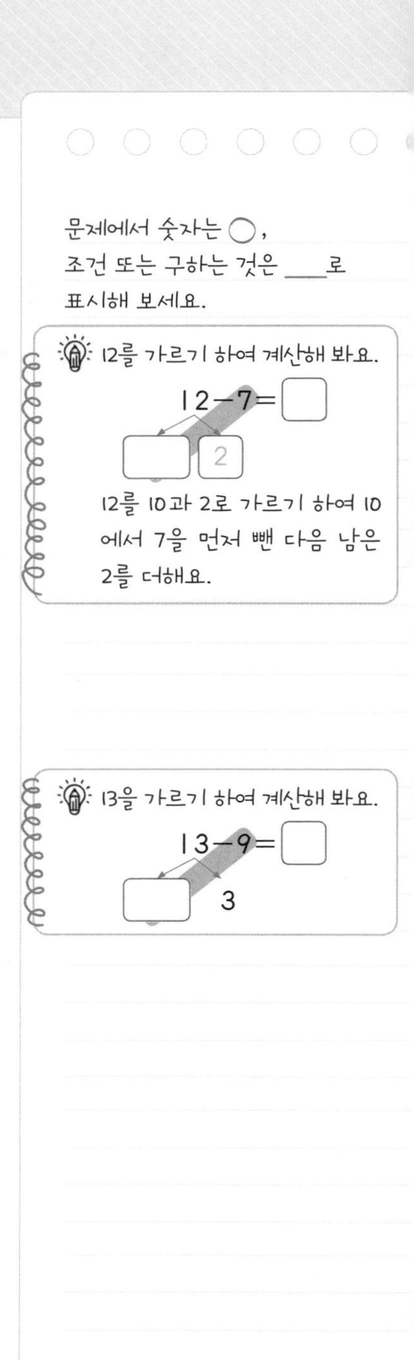

(십몇)-(몇)을 계산하는 방법은 여러 가지가 있어요.
12-7은 12를 10과 2로 가르기 하여 계산할 수도 있고, 7을 2와 5로 가르기 하여 계산할 수도 있어요.

1. 수영이는 오늘 동화책을 15쪽 읽으려고 합니다. 아침에 6쪽을 읽었다면 동화책을 몇 쪽 더 읽어야 할까요?

(더 읽어야 하는 동화책의 쪽수)
=(읽으려는 동화책의 쪽수) — (아침에 읽은 동화책의 쪽수)
=☐-☐=☐(쪽)

답 ______

2. 팔찌를 만드는 데 구슬이 12개 필요합니다. 지혜가 가지고 있는 구슬이 9개일 때, 팔찌를 만들기 위해 더 필요한 구슬은 몇 개일까요?

(더 필요한 ☐의 수)
=(팔찌를 만드는 데 필요한 구슬의 수)
— (가지고 있는 ☐의 수)
=☐○☐=☐(개)

답 ______

3. 어린이 16명에게 수첩을 한 권씩 나누어 주려고 합니다. 수첩이 8권 있다면 수첩은 몇 권 더 필요할까요?

(더 필요한 수첩의 수)
=(어린이의 수)○(가지고 있는 수첩의 수)
=☐=☐(권)

답 ______

수첩을 어린이 ☐명에게
한 권씩 나누어 주려면
수첩은 모두 ☐권이 필요해요.

12 덧셈과 뺄셈

1. 4장의 수 카드 중에서 두 장을 골라 합이 가장 큰 덧셈식을 만들었을 때, 합을 구하세요.

교과서 유형

5 7 8 9

합이 가장 큰 덧셈식을 만들려면 가장 □ 수와 두 번째로 □ 수를 더합니다. 가장 큰 수는 □이고, 두 번째로 큰 수는 □입니다. 따라서 합이 가장 큰 덧셈식은 □+□=□이므로 합은 □입니다.

답 ________

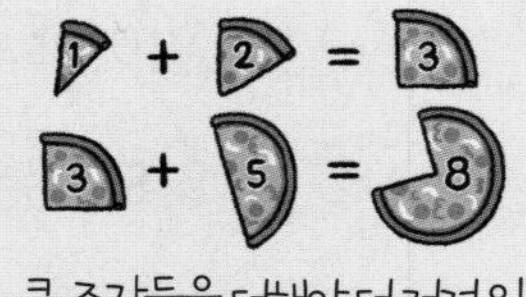

큰 조각들을 더해야 더 커져요! 합이 가장 크려면 가장 큰 두 수를 더하면 돼요!

2. 5장의 수 카드 중에서 두 장을 골라 합이 가장 큰 덧셈식을 만들었을 때, 합을 구하세요.

1 2 5 6 8

합이 가장 □ 덧셈식을 만들려면 가장 □ 수와 □ 번째로 □ 수를 더합니다.

따라서 합이 가장 큰 덧셈식은 □+□=□이므로 합은 □입니다.

답 ________

색이 다른 수 카드를 한 장씩 골라 차가 가장 큰 뺄셈식을 만들었을 때, 차를 구하세요.

1. 교과서 유형

11 13 4 7

13-4=9 13-7=6

더 큰 조각에서 더 작은 조각을 뺄수록 차가 커져요!
차가 가장 크려면 가장 큰 조각에서 가장 작은 조각을 빼면 돼요.

차가 가장 큰 뺄셈식을 만들려면 가장 [큰] 수가 있는 빨간색 카드 중 더 [큰] 수에서 파란색 카드 중 더 [작은] 수를 뺍니다. 따라서 차가 가장 큰 뺄셈식은

[ ]−[ ]=[ ]이므로 차는 [ ]입니다.

답 ______

2.

14 11 5 8

차가 가장 큰 뺄셈식을 만들려면 가장 [ ]수가 있는 [빨간색] 카드 중 더 [ ] 수에서 [파란색] 카드 중 더 [ ] 수를 뺍니다.

따라서 차가 가장 큰 뺄셈식은

[ ]−[ ]=[ ]이므로 차는 [ ]입니다.

답 ______

빼지는 수가 더
커야 하는 거 알지?
내가 앞에 설게~

좋아!
나만큼 빼게~

각자 준비해 온 우유갑을 모두 사용하여 물건을 2개씩 만들려고 합니다. 덧셈식을 완성해 만들 수 있는 것을 모두 고르세요.

교과서 유형

기차 우유갑 6개

기린 우유갑 8개

인형 집 우유갑 9개

각자 준비해 온 우유갑을 모두 사용해야 해요!

1. 민재는 우유갑을 15개 준비해 왔습니다.

☐+☐=15이므로 우유갑 ☐개를 모두 사용해 만들 수 있는 것은 기차와 ☐입니다.

답 ______, ______

합이 15가 되는 식을 세워 봐요.

☐+☐=15

☐+☐=15

2. 미소는 우유갑을 17개 준비해 왔습니다.

☐+☐=☐이므로 우유갑 ☐개를 모두 사용해 만들 수 있는 것은 ☐과 ☐입니다.

답 ______, ______

합이 17이 되는 식을 세워 봐요.

☐+☐=17

☐+☐=17

3. 정호는 우유갑을 14개 준비해 왔습니다.

☐이므로 우유갑 ☐개를 모두 사용해 만들 수 있는 것은 ☐와 ☐입니다.

답 ______, ______

합이 14가 되는 식을 세워 봐요.

☐+☐=14

☐+☐=14

문제에서 숫자는 ○,
조건 또는 구하는 것은 ___로
표시해 보세요.

1. 교과서 유형

민아가 색종이 3장을 더 샀더니 색종이가 모두 12장이 되었습니다. 처음에 가지고 있던 색종이는 모두 몇 장인가요?

2. 서희가 책을 4권 더 샀더니 책이 모두 11권이 되었습니다. 처음에 가지고 있던 책은 몇 권인가요?

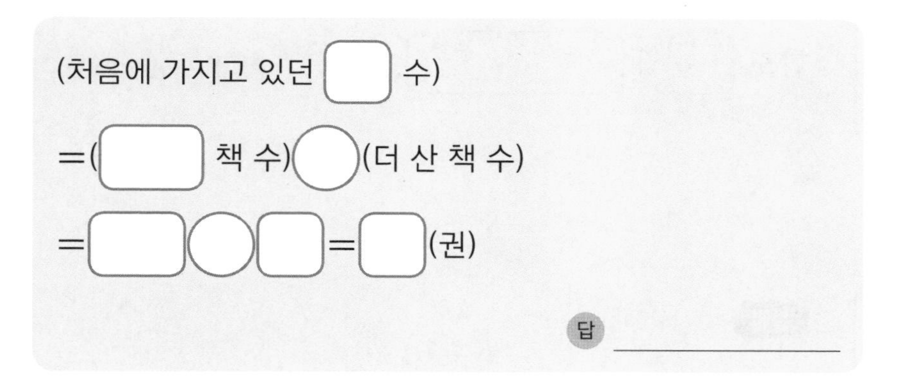

답 ______

3. 재호가 연필을 6자루 더 샀더니 연필이 모두 14자루가 되었습니다. 처음에 가지고 있던 연필은 몇 자루인가요?

(처음에 가지고 있던 □의 수)

=(□ 연필의 수)○(더 산 □의 수)

=□=□(자루)

답 ______

13 여러 가지 덧셈과 뺄셈

덧셈 또는 뺄셈을 하고, 바르게 설명해 보세요.

1.

4+7=☐

4+8=☐

4+9=☐

설명

같은 수에 ☐씩 커지는 수를 더하면

합도 ☐씩 커집니다.

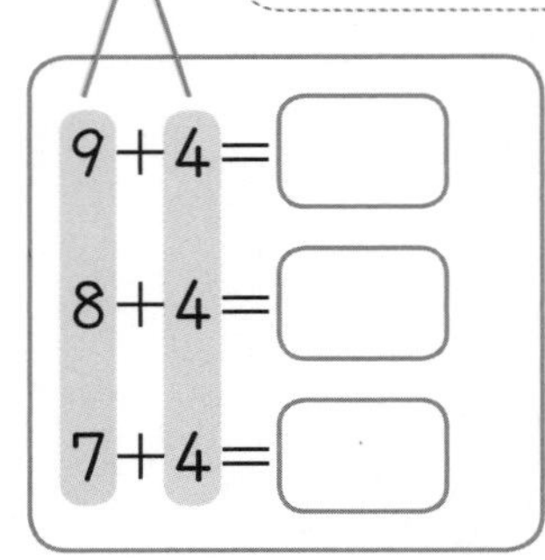

2.

9+4=☐

8+4=☐

7+4=☐

설명

☐씩 작아지는 수에 같은 수를 더하면

합도 ☐씩 ☐.

3.

12−5=☐

12−6=☐

12−7=☐

설명

같은 수에서 ☐씩 커지는 수를 빼면

차는 ☐씩 ☐.

4.

11−4=☐

12−4=☐

13−4=☐

설명

☐씩 커지는 수에서 같은 수를 빼면

차는 ☐씩 ☐.

★ 합이나 차가 1씩 커지는 로봇 길을 만들려고 합니다. 물음에 답하세요.

1. 화살표를 따라 합이 1씩 커지는 식을 완성해 보세요.

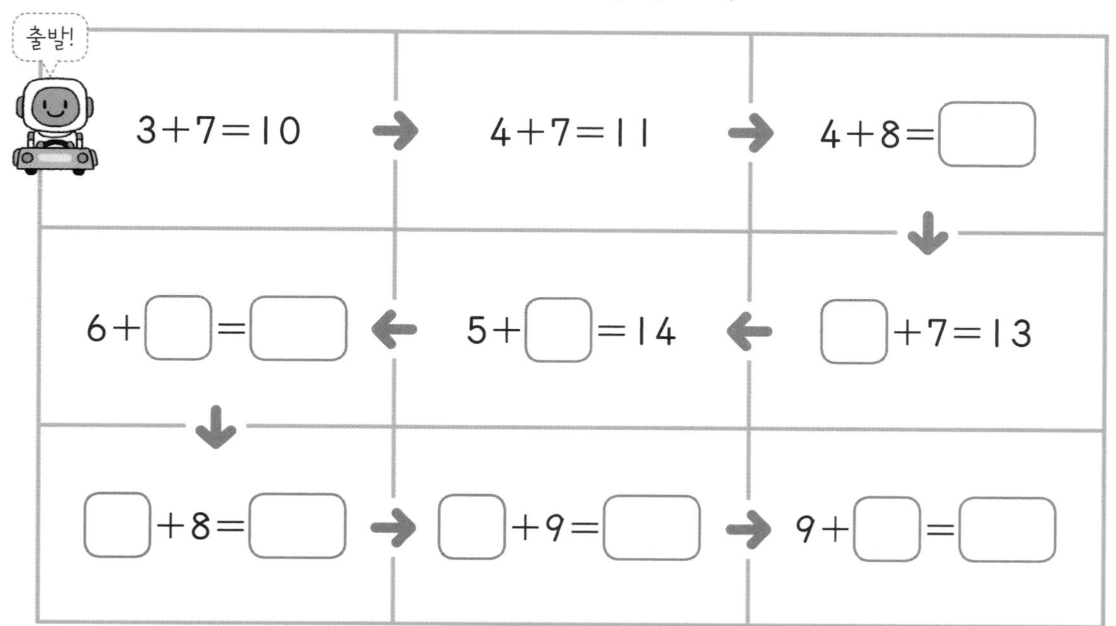

2. 화살표를 따라 차가 1씩 커지는 식을 완성해 보세요.

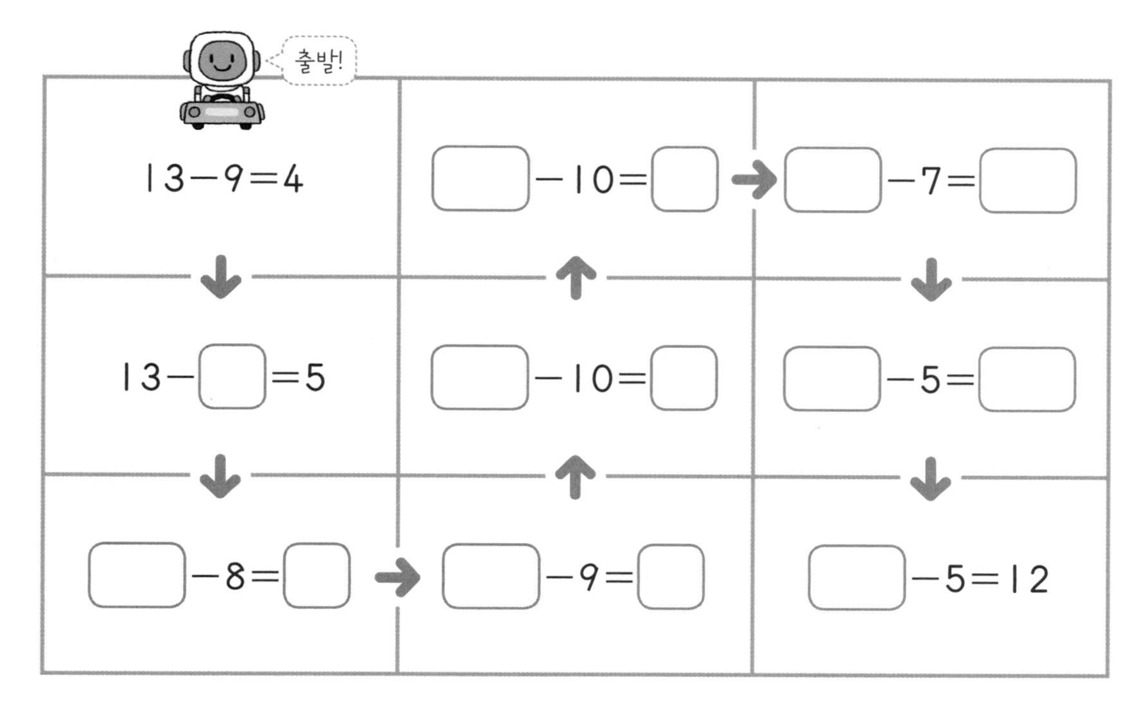

1. 두 덧셈식의 합이 같을 때, ■의 값을 구하세요.

5+8　　7+■

5+8=☐이므로 7+■=☐입니다.

7+☐=☐이므로 ■=☐입니다.

답 ________

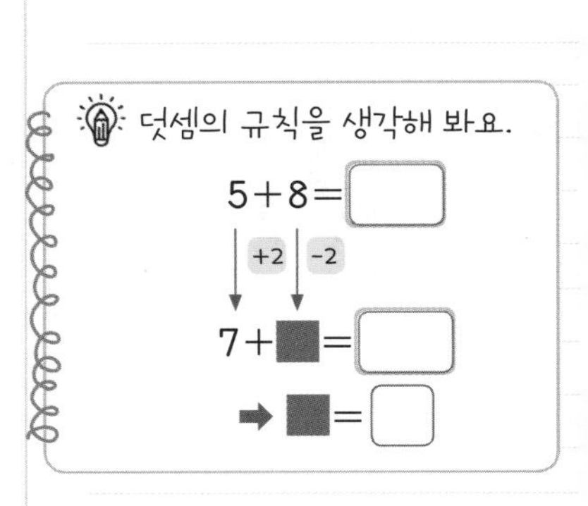

2. 두 뺄셈식의 차가 같을 때, ■의 값을 구하세요.

15−7　　11−■

15−7=☐이므로 11−■=☐입니다.

11−☐=☐이므로 ■=☐입니다.

답 ________

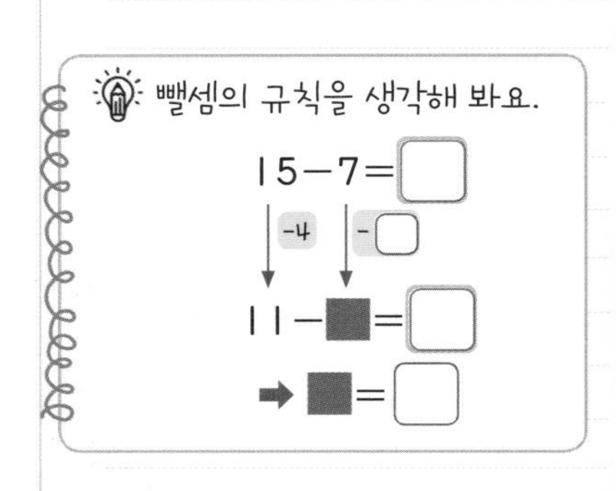

3. 두 덧셈식의 합이 같을 때, ■의 값을 구하세요.

■+8　　9+6

9+6=☐이므로 ■+8=☐입니다.

☐+8=☐이므로 ■=☐입니다.

답 ________

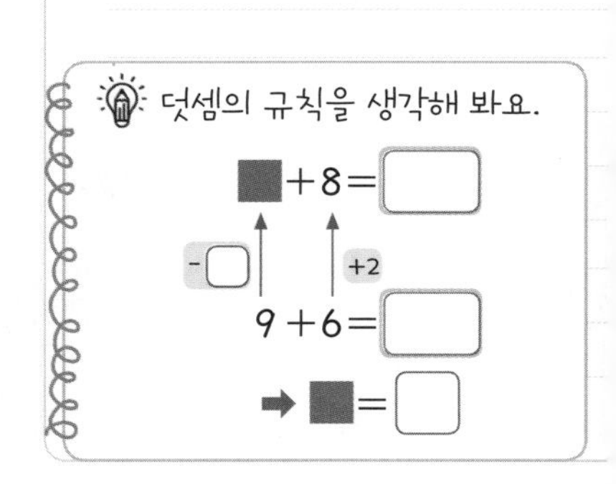

다음 식에서 ★의 값을 구하세요.

1. 4+8=♥ ♥−3=★

4+8=☐이므로 ♥=☐입니다.

따라서 ♥−3=☐−3=☐이므로 ★=☐입니다.

답 ______

2. 7+7=♥ ♥−8=▲ ▲+6=★

7+7=☐이므로 ♥=☐이고,

♥−8=☐−8=☐이므로 ▲=☐입니다.

따라서 ▲+6=☐+6=☐이므로 ★=☐입니다.

답 ______

3. 9+6=♥ ♥−7=▲ ▲+3=★

9+6=☐이므로 ♥=☐이고,

♥−7=[− =]이므로 ▲=☐입니다.

따라서 ▲+3=[+ =]이므로 ★=☐

입니다.

답 ______

덧셈과 뺄셈(2)

점수 / 100

한 문제당 10점

1. 민지네 분단에는 남학생이 5명, 여학생이 7명입니다. 민지네 분단 학생은 모두 몇 명일까요?

( )

2. 어항에 열대어 8마리가 있었는데 열대어 5마리를 더 넣었습니다. 어항에 있는 열대어는 모두 몇 마리일까요?

( )

3. 안경을 쓴 학생은 7명이고, 안경을 쓰지 않은 학생은 안경을 쓴 학생보다 8명 더 많습니다. 안경을 쓰지 않은 학생은 몇 명일까요?

( )

4. 색이 다른 수 카드를 한 장씩 골라 차가 가장 큰 뺄셈식을 만들었을 때, 차를 구하세요.

13 11 5 9

( )

5. 초콜릿 14개 중 8개를 먹었습니다. 남은 초콜릿은 몇 개일까요?

( )

6. 조약돌을 민서는 15개 주웠고, 지수는 9개 주웠습니다. 민서는 지수보다 조약돌을 몇 개 더 많이 주웠을까요?

( )

7. 어린이 13명에게 빵을 한 개씩 나누어 주려고 합니다. 빵이 7개 있다면 더 필요한 빵은 몇 개일까요?

( )

8. 두 덧셈식의 합이 같을 때, ■의 값을 구하세요.

■+7　　8+6

( )

9. 다음 식에서 ★의 값을 구하세요.

8+8=♥　　♥−7=★

( )

10. 다음 식에서 ♠의 값을 구하세요.

12−7=◆　　◆+9=♠

( )

규칙 찾기

학교 시험 자신감 충전!

다섯째 마당에서는 **생활 속 물체나 무늬의 배열, 덧셈표와 곱셈표에서 규칙을 찾고 설명하는 것**을 훈련해요.
규칙 찾기는 **반복되는 수나 모양**을 잘 살펴보세요.
☐를 채워 문장을 완성하면, 학교 시험 자신감 충전 완료!

공부한 날짜

14 규칙 찾고 말하기

★ 규칙을 찾아 말해 보세요.

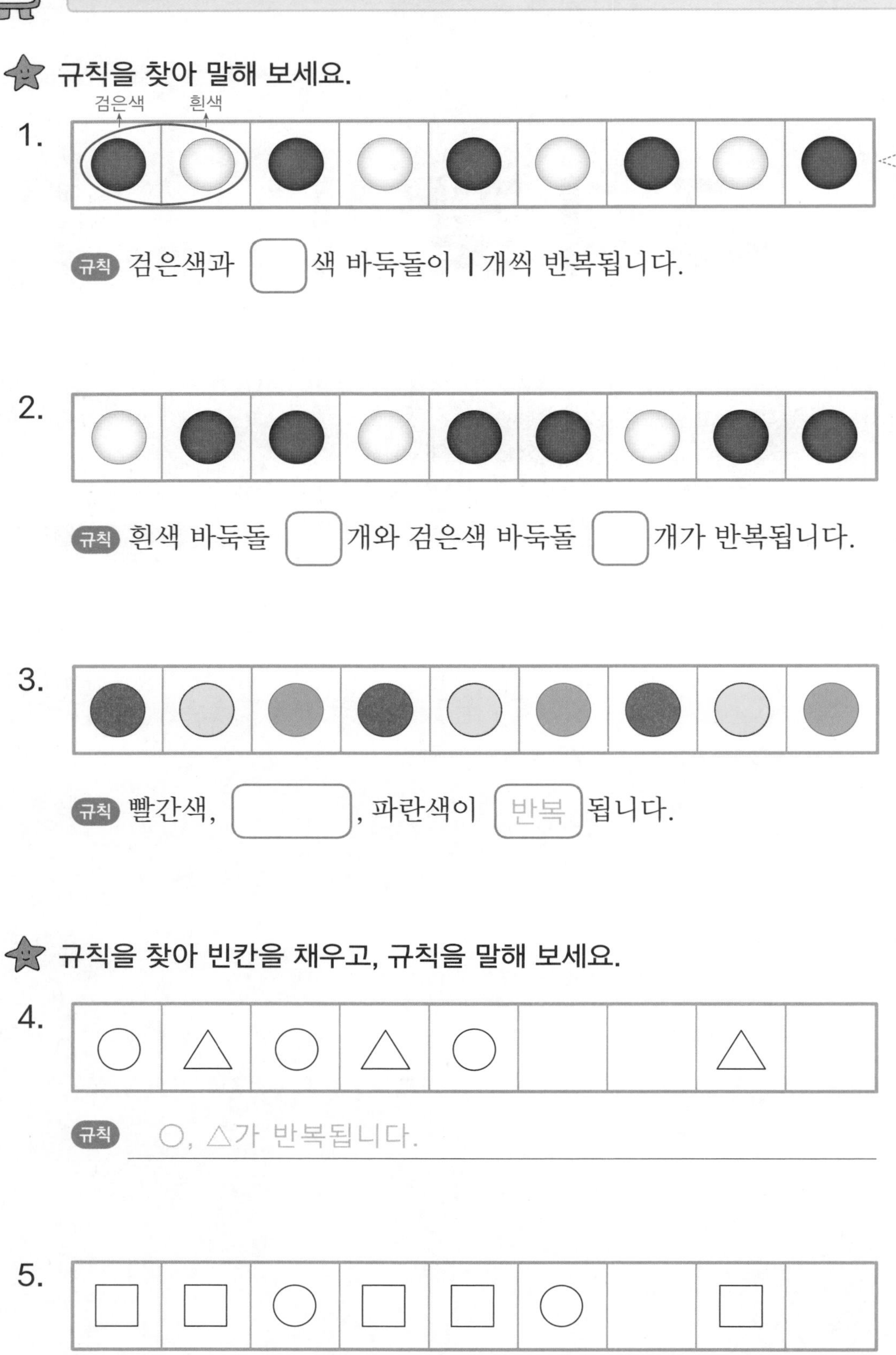

1.

규칙 검은색과 ☐색 바둑돌이 1개씩 반복됩니다.

2.

규칙 흰색 바둑돌 ☐개와 검은색 바둑돌 ☐개가 반복됩니다.

3.

규칙 빨간색, ☐, 파란색이 반복 됩니다.

★ 규칙을 찾아 빈칸을 채우고, 규칙을 말해 보세요.

4.

규칙 ○, △가 반복됩니다.

5.

규칙

규칙을 찾아 빈칸을 채우고, 규칙을 말해 보세요.

1.

세발자전거	두발자전거	세발자전거	두발자전거	세발자전거	두발자전거	세발자전거	두발자전거	세발자전거
3	2	3	2					

규칙 세발자전거, 두발자전거가 반복됩니다.

세발자전거는 ☐, 두발자전거는 ☐로 나타냈습니다.

2.

위험 DANGER	통행금지	통행금지	위험 DANGER	통행금지	통행금지	위험 DANGER	통행금지	통행금지
△	○	○	△				○	○

규칙 세모 표지판, 동그라미 표지판, ☐ 표지판이 반복됩니다.

세모 표지판은 ☐, 동그라미 표지판은 ☐로 나타냈습니다.

3.

●	▲	●	●	▲	●	●	▲	●
0	3	0		3				

규칙 ●, ☐, ☐가 반복됩니다.

● 모양은 ☐, ▲ 모양은 ☐으로 나타냈습니다.

1. 규칙에 따라 빈칸에 알맞은 모양은 무엇일까요?

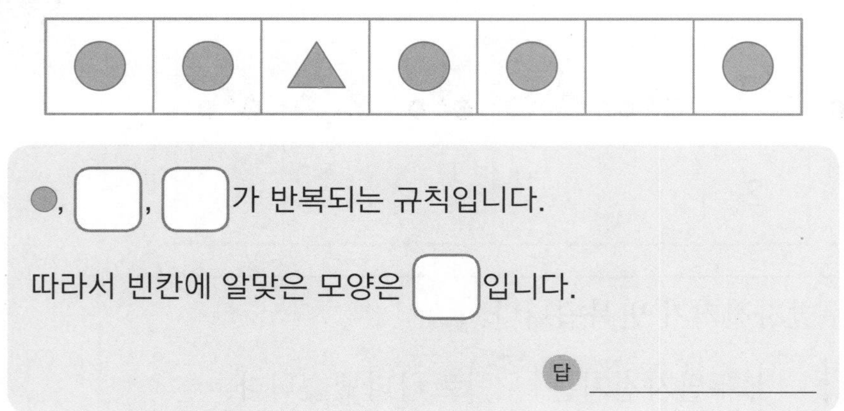

●, ☐, ☐가 반복되는 규칙입니다.

따라서 빈칸에 알맞은 모양은 ☐입니다.

답 ______

2. 규칙에 따라 빈칸에 알맞은 바둑돌은 무슨 색일까요?

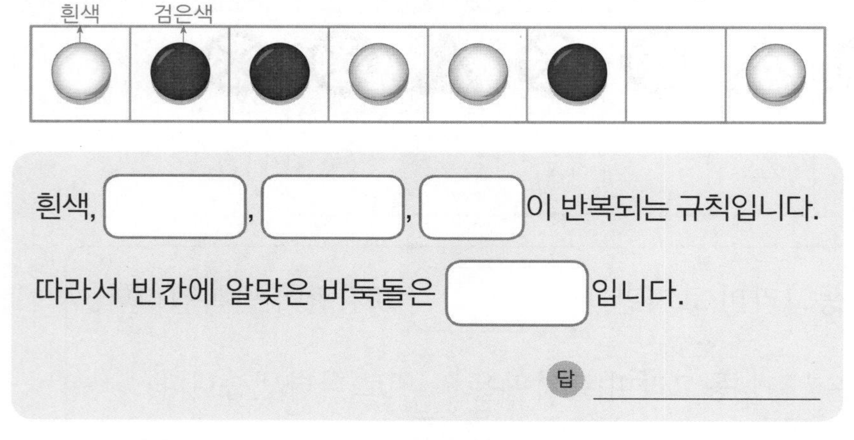

흰색, ☐, ☐, ☐이 반복되는 규칙입니다.

따라서 빈칸에 알맞은 바둑돌은 ☐입니다.

답 ______

3. 규칙에 따라 빈칸에 알맞은 자세는 무엇일까요?

앉기, 서기, ☐가 반복되는 규칙입니다.

따라서 빈칸에 알맞은 자세는 (,)입니다.

답 (,)

1. 규칙에 따라 빈칸에 알맞은 수를 써넣으려고 합니다. ㉠에 알맞은 수는 얼마일까요?

4	2	2		㉠		

구멍이 4개, ☐개, ☐개인 단추가 반복됩니다.

구멍이 4개인 단추를 ☐, 구멍이 2개인 단추를 ☐로 나타내면 ㉠=☐입니다.

답 ______

2. 규칙에 따라 빈칸에 알맞은 모양을 그리고, 수를 써넣으려고 합니다. ㉠과 ㉡에 알맞은 모양 또는 수를 각각 구하세요.

□	△		㉠		
1	2			㉡	

블록이 1개, ☐개, ☐개가 반복됩니다.

블록 1개를 □, 숫자 ☐, 블록 2개를 ☐, 숫자 ☐로 나타내면 ㉠=☐, ㉡=☐입니다.

답 ㉠ ______, ㉡ ______

15 수 배열, 수 배열표에서 규칙 찾기

★ 수 배열에서 규칙을 찾아 빈칸을 채우고, 규칙을 말해 보세요.

1.

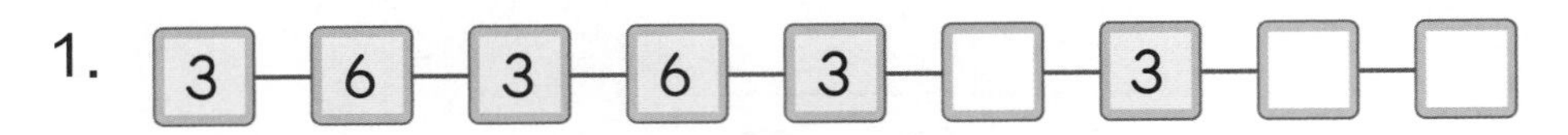

규칙 3 과 □ 이 반복됩니다.

2. 20 — 18 — 16 — □ — 12 — □ — 8 — □ — 4

규칙 20 부터 시작하여 오른쪽으로 갈수록 □ 씩 작아집니다.

3. 45 — 40 — 35 — 30 — □ — 20 — □ — 10 — □

규칙 ______________________________

★ 수 배열표에서 색칠한 수들의 규칙을 말해 보세요.

4.

1	2	**3**	4	**5**	6	**7**	8	**9**	10
11	12	**13**	14	**15**	16	**17**	18	**19**	20
21	22	**23**	24	**25**	26	**27**	28	**29**	30

색칠한 수들의 규칙을 여러 가지 방법으로 설명할 수 있어요.

규칙 1부터 시작하여 2씩 뛰어 세는 규칙입니다.

5.

11	**12**	13	14	**15**	16	17	**18**	19	20
21	22	23	**24**	25	26	**27**	28	29	**30**
31	32	**33**	34	35	**36**	37	38	**39**	40

규칙 ______________________________

여러 가지 방법으로 설명하기

① □ 부터 시작하여 □ 씩 뛰어 세는 규칙입니다.

② □ 부터 시작하여 □ 씩 커집니다.

규칙을 여러 가지 방법으로 설명할 수 있어요.
① 1부터 시작하여 2씩 뛰어 세는 규칙입니다. ② 1부터 시작하여 2씩 커집니다.
③ 1부터 시작하여 순서대로 홀수(또는 짝수)입니다.

수 배열표를 보고 규칙을 써 보세요.

1	2	3	4	5	6	7	8	9	10
11	12	13	14	15	16	17	18	19	20
21	22	23	24	25	26	27	28	29	30

1. - - -에 있는 수들은 1부터 시작하여 (→ , ←) 방향으로 ☐씩 커집니다.

2. - - -에 있는 수들은 ☐부터 시작하여 (↑ , ↓) 방향으로 ☐씩 커집니다.

수 배열표를 보고 규칙을 써 보세요.

31	32	33	34	35
36	37	38	39	40
41	42	43	44	45
46	47	48	49	50
51	52	53	54	55

3. - - -에 있는 수들은 31부터 시작하여 ☐ 방향으로 ☐씩 커집니다.

4. - - -에 있는 수들은 ☐부터 시작하여 ☐ 방향으로 ☐씩 커집니다.

5. ▒에 있는 수들은 ☐부터 시작하여 ↘ 방향으로 ☐씩 ☐.

사물함에는 규칙에 따라 번호가 적혀 있습니다. 물음에 답하세요.

1	2	3	4	5	6	7	8	9	10
11	12	13	14	15	서아	17	18	19	20
21	22	23	24	25	26	27	지희	민호	30

1. 서아의 사물함 번호는 몇 번일까요?

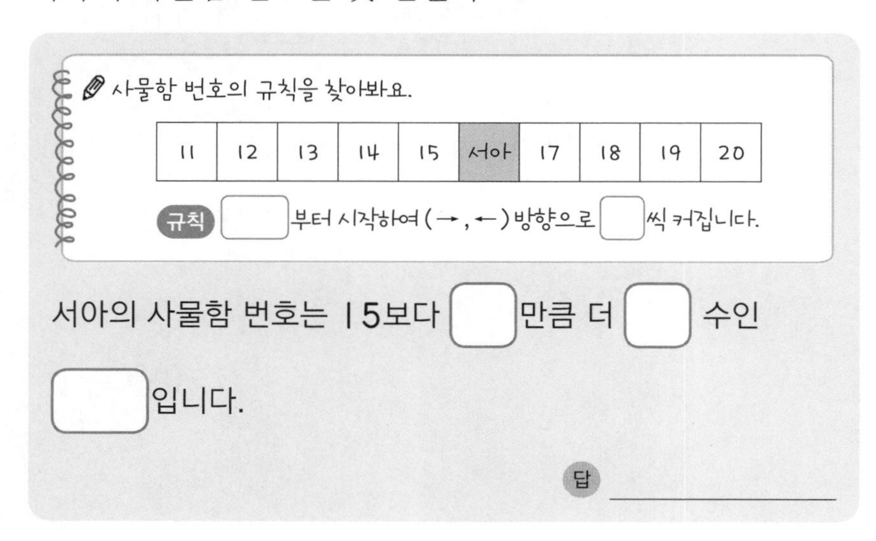

2. 지희의 사물함 번호는 몇 번일까요?

지희의 사물함 번호는 27보다 ☐만큼 더 ☐ 수인

☐입니다.

답 ________

3. 민호의 사물함 번호는 몇 번일까요?

민호의 사물함 번호는 ☐의 사물함 번호보다 ☐만큼

더 큰 수인 ☐입니다.

답 ________

사물함 번호가
→ 방향으로 1씩 커져요.

수 배열표에서 규칙을 찾아 물음에 답하세요.

31	32	33	34	35	36	37	38	39	40
41			44		●	47	48	49	50
51	▲	㉠	㉡	55	㉢	㉣	58	59	60

1. ●와 ▲에 알맞은 수를 각각 구하세요.

수가 (→ , ←) 방향으로 ☐씩 커지는 규칙입니다.

44 − ☐ − ☐이므로 ●에 알맞은 수는 ☐입니다.

51 − ☐이므로 ▲에 알맞은 수는 ☐입니다.

답 ● ________, ▲ ________

다른 규칙을 찾아봐요.

① ← 방향으로 ☐씩 작아집니다.

② ↓ 방향으로 ☐씩 커집니다.

2. 색칠한 수들의 규칙을 찾아 48 다음에 이어서 색칠해야 하는 숫자와 그 칸의 기호를 순서대로 구하세요.

색칠한 수들은 ☐부터 시작하여 ☐씩 (커지는 , 작아지는) 규칙이므로 48 다음에 색칠할 수는 48에서 ☐만큼 뛰어 센 ☐입니다. ☐이 쓰여질 칸은 (㉠ , ㉡ , ㉢ , ㉣) 입니다.

답 ________, ________

규칙 찾기

점수 / 100

한 문제당 10점

★ 규칙에 따라 빈칸에 알맞은 모양을 그려 넣으세요. [1 ~ 2]

1.

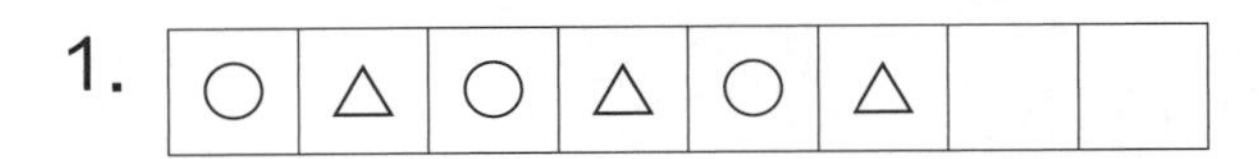

○	△	○	△	○	△		

2.

↑	↑	↓	↑	↑			

★ 규칙을 말해 보세요. [3 ~ 5]

3.

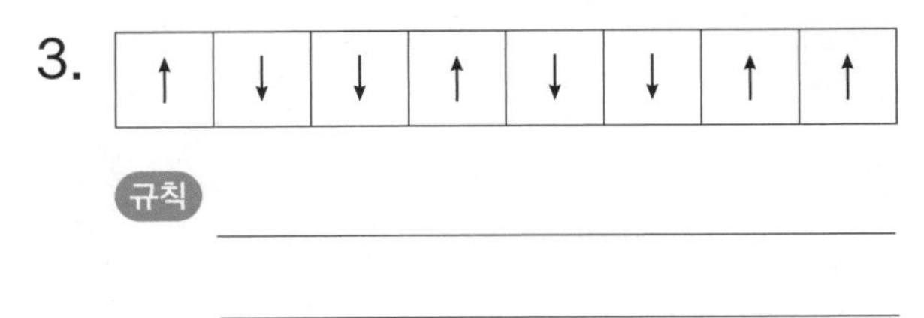

↑	↓	↓	↑	↓	↓	↑	↑

규칙 ______________________

____

4. 1 – 9 – 1 – 9 – 1 – 9

규칙 ______________________

____

5.

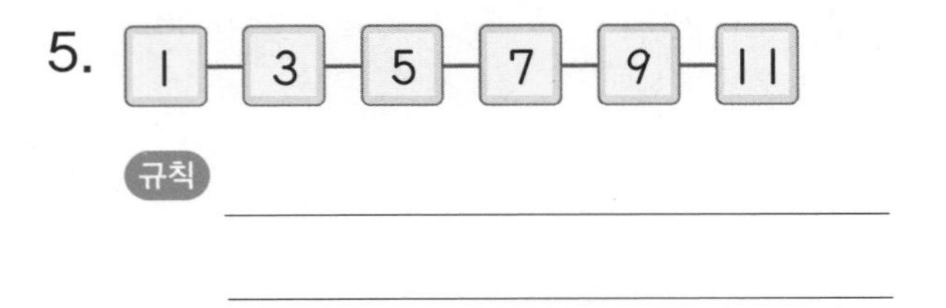

1 – 3 – 5 – 7 – 9 – 11

규칙 ______________________

____

6. 색칠한 수들의 규칙을 말해 보세요.

(20점)

1	2	3	4	5
6	7	8	9	10
11	12	13	14	15
16	17	18	19	20

규칙 ______________________

____

★ 수 배열표를 보고 규칙을 써 보세요. [7 ~ 8]

21	22	23	24	25
26	27	28	29	30
31	32	33	34	35

7. - - - 에 있는 수들은 21부터 시작하여 ☐ 방향으로 ☐ 씩 커집니다.

8. ▭ 에 있는 수들은 ☐ 부터 시작하여 ☐ 방향으로 ☐ 씩 커집니다.

9. 규칙을 찾아 빈칸을 완성해 보세요.

☘	🍀	🍀	☘	🍀	🍀
3	4		3		

여섯째 마당

덧셈과 뺄셈(3)

여섯째 마당에서는 **두 자리 수의 덧셈과 뺄셈**을 배워요.
문장제 유형 중 시험에 자주 나오는 중요한 유형이에요.
다양한 전략으로 덧셈과 뺄셈을 하여, 여러 가지 방법으로 계산해 봐요.
☐를 채워 문장을 완성하면, 학교 시험 자신감 충전 완료!

16 덧셈하기

1. 어제까지 꽃밭에 장미가 22송이 피었고, 오늘은 3송이가 더 피었습니다. 꽃밭에 핀 장미는 모두 몇 송이일까요?

교과서 유형

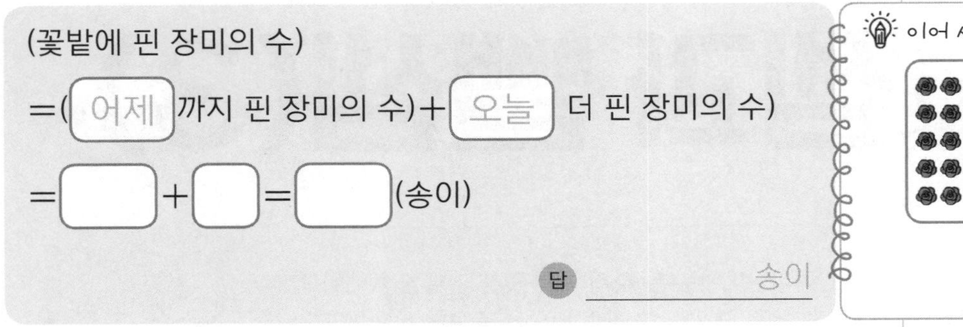

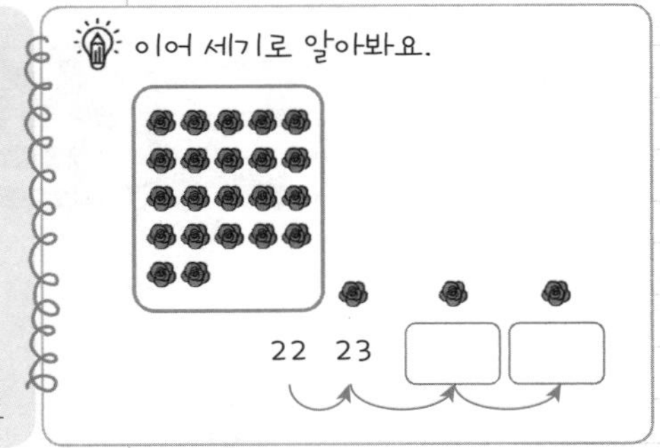

2. 놀이터에 학생 11명이 놀고 있는데 12명의 학생이 더 왔습니다. 놀이터에서 놀고 있는 학생은 모두 몇 명일까요?

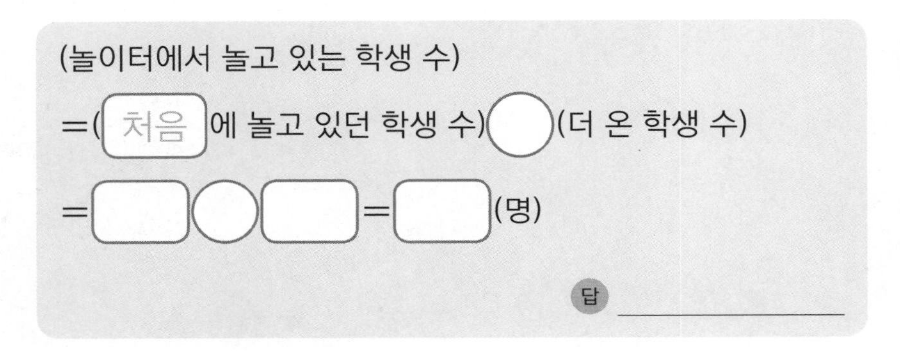

	십 모형	일 모형
+		

3. 희수네 반 학생 중 안경을 쓰지 않은 학생은 15명, 안경을 쓴 학생은 12명입니다. 희수네 반 학생은 모두 몇 명일까요?

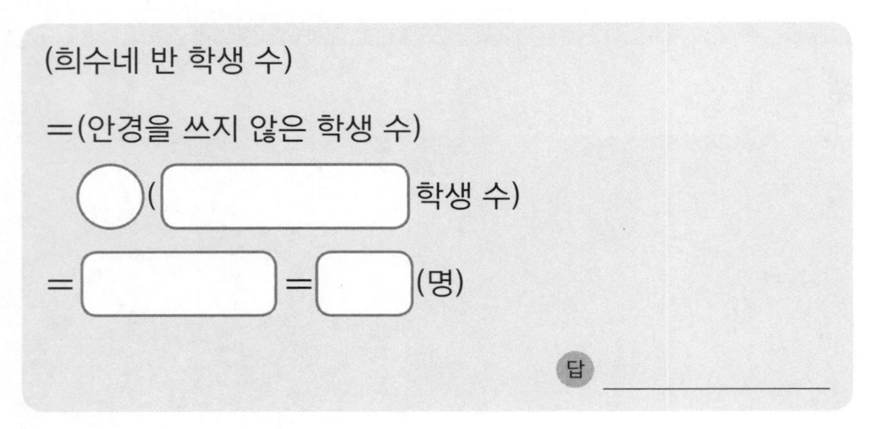

희수네 반 학생은 안경을 쓰거나 쓰지 않은 학생이에요.

1. 고구마를 아버지는 (23)개 캤고, 동현이는 (6)개 캤습니다. <u>아버지와 동현이가 캔 고구마는 모두 몇 개</u>일까요?

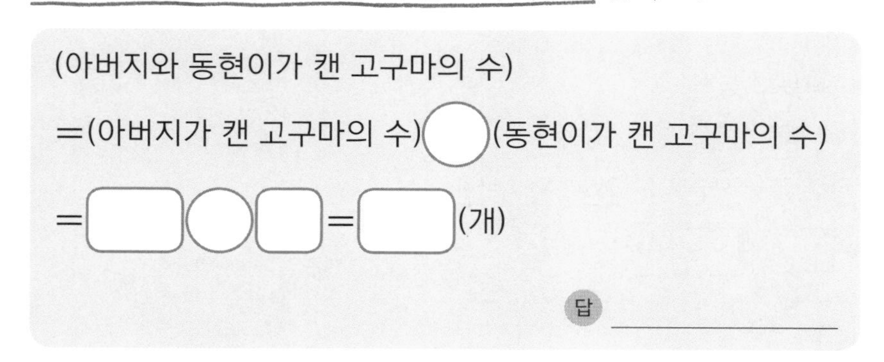

(아버지와 동현이가 캔 고구마의 수)

=(아버지가 캔 고구마의 수) ○ (동현이가 캔 고구마의 수)

= □ ○ □ = □ (개)

답 ________

2. 남학생 (20)명, 여학생 (10)명이 체험관에 갔습니다. 체험관에 간 학생은 모두 몇 명일까요?

교과서 유형

(체험관에 간 학생 수)

=(남학생 수) ○ (□ 수)

= □ = □ (명)

답 ________

3. 시우는 동화책을 어제까지 52쪽 읽었고, 오늘 11쪽을 더 읽었습니다. 시우가 오늘까지 읽은 동화책은 모두 몇 쪽일까요?

(시우가 읽은 동화책 쪽수)

=(□ 까지 읽은 동화책 쪽수)

○ (□ 동화책 쪽수)

= □ = □ (쪽)

답 ________

문제에서 숫자는 ○, 조건 또는 구하는 것은 ___로 표시해 보세요.

1. 목장에 양이 23마리 있고, 사슴은 양보다 12마리 더 있습니다. 목장에 있는 양과 사슴은 모두 몇 마리일까요?

교과서 유형

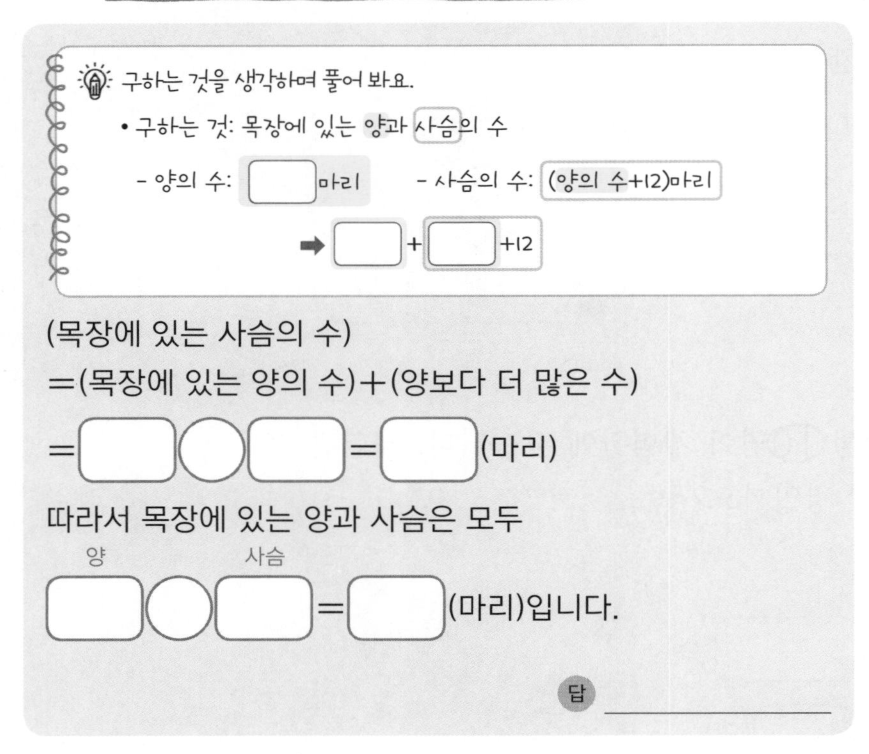

(목장에 있는 사슴의 수)

=(목장에 있는 양의 수)+(양보다 더 많은 수)

=□○□=□(마리)

따라서 목장에 있는 양과 사슴은 모두

양 □○사슴 □=□(마리)입니다.

답 ____________

2. 체육관에 축구공이 11개 있고, 야구공은 축구공보다 42개 더 많습니다. 체육관에 있는 축구공과 야구공은 모두 몇 개일까요?

(체육관에 있는 야구공의 수)

=(축구공의 수)○(□보다 더 많은 수)

=□=□(개)

따라서 체육관에 있는 축구공과 야구공은 모두

축구공 □○야구공 □=□(개)입니다.

답 ____________

문제에서 숫자는 ○, 조건 또는 구하는 것은 ___로 표시해 보세요.

1. 수 카드 중 가장 큰 수와 가장 작은 수의 합을 구하세요.

26 42 61 35

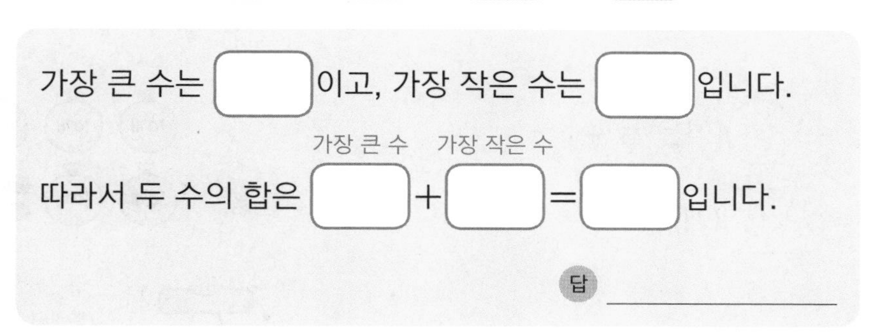

가장 큰 수는 ☐이고, 가장 작은 수는 ☐입니다.

따라서 두 수의 합은 ☐(가장 큰 수)+☐(가장 작은 수)=☐입니다.

답 ________

2. 수 카드 중 2장을 골라 두 자리 수를 만들려고 합니다. 만들 수 있는 수 중에서 가장 큰 수와 가장 작은 수의 합을 구하세요.

2 5 3 1

가장 큰 수와 가장 작은 수를 만들어 봐요.

- 가장 큰 두 자리 수 만들기: 5 3 (가장 큰 수, 두 번째로 큰 수)
- 가장 작은 두 자리 수 만들기: ☐ ☐ (가장 작은 수, 두 번째로 작은 수)

5＞3＞☐＞☐이므로 만들 수 있는 가장 큰 두 자리 수는 ☐이고, 가장 작은 두 자리 수는 ☐입니다.

따라서 두 수의 합은 ☐(가장 큰 수)◯☐(가장 작은 수)=☐입니다.

답 ________

17 뺄셈하기

1. 귤이 한 상자에 58개 들어 있습니다. 이 중에서 6개를 먹었다면 남은 귤은 몇 개일까요?

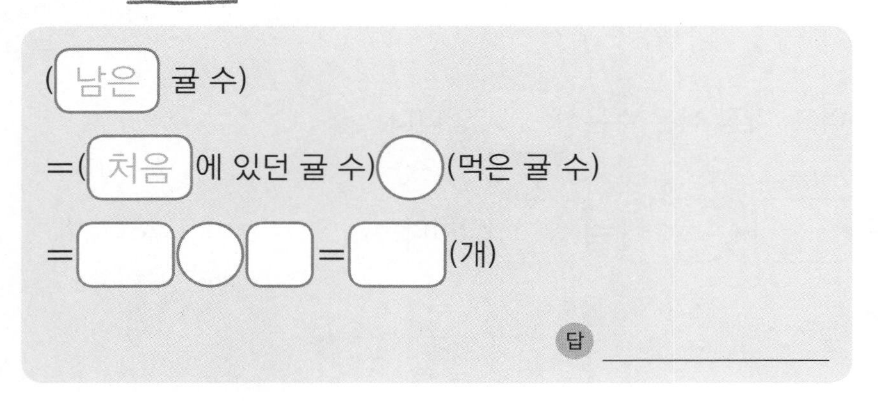

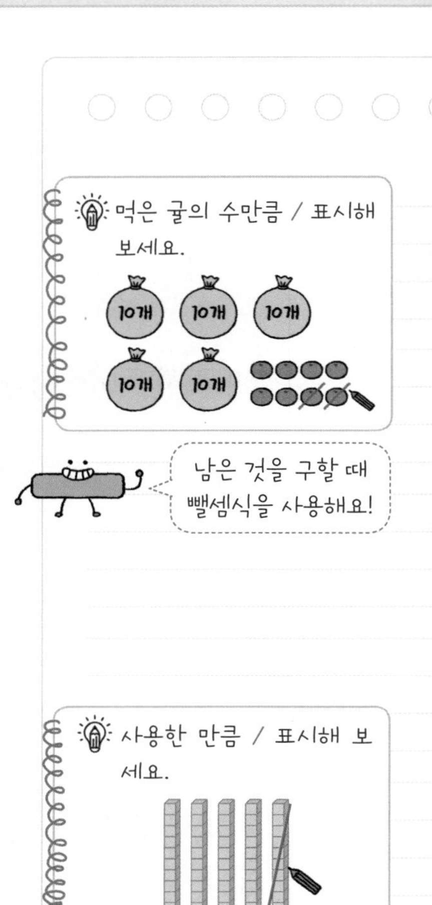

2. 구슬이 50개 있습니다. 이 중에서 30개를 사용하여 목걸이를 만들었습니다. 남은 구슬은 몇 개일까요?

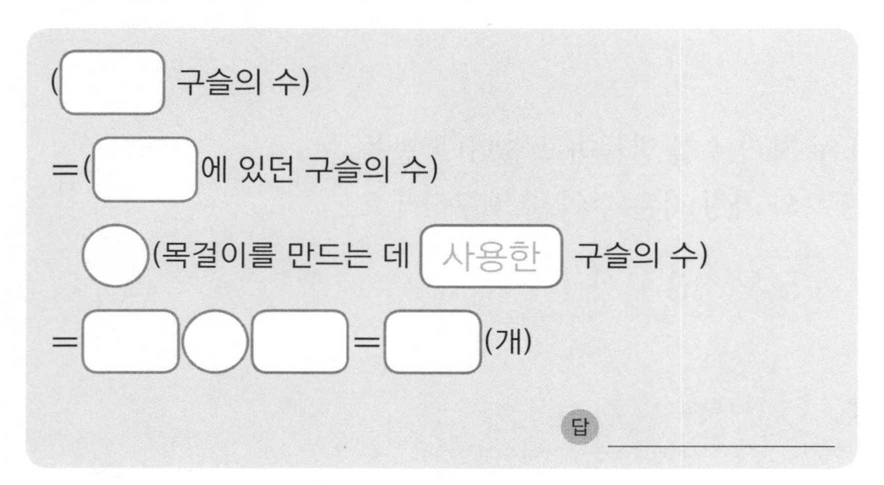

사용한 만큼 / 표시해 보세요.

3. 진우는 76쪽짜리 동화책을 읽고 있습니다. 지금까지 31쪽을 읽었다면 남은 동화책은 몇 쪽일까요?

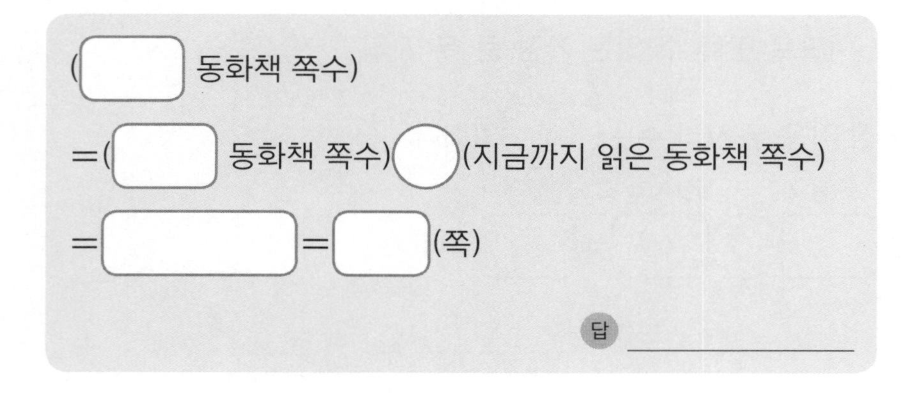

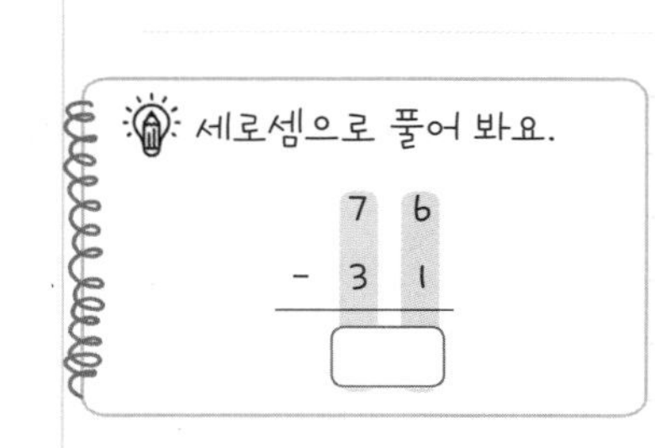

1. 딱지를 준호는 18장 모았고, 현수는 준호보다 4장 더 적게 모았습니다. 현수가 모은 딱지는 몇 장일까요?

교과서 유형

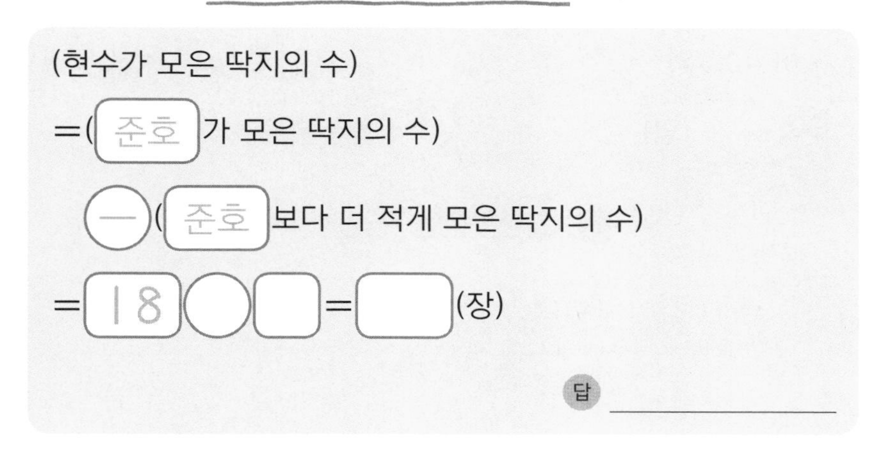

문제에서 숫자는 ○, 조건 또는 구하는 것은 ___로 표시해 보세요.

더 적은 딱지의 수만큼 / 표시해 보세요.

2. 제과점에서 식빵을 40개 만들었고, 밤빵은 식빵보다 10개 더 적게 만들었습니다. 제과점에서 만든 밤빵은 몇 개일까요?

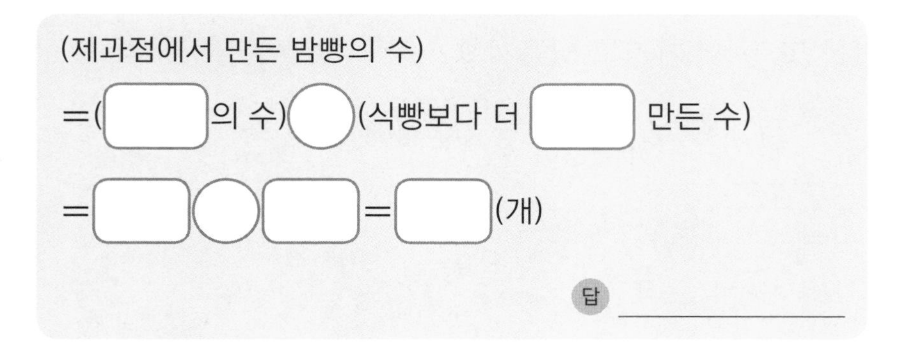

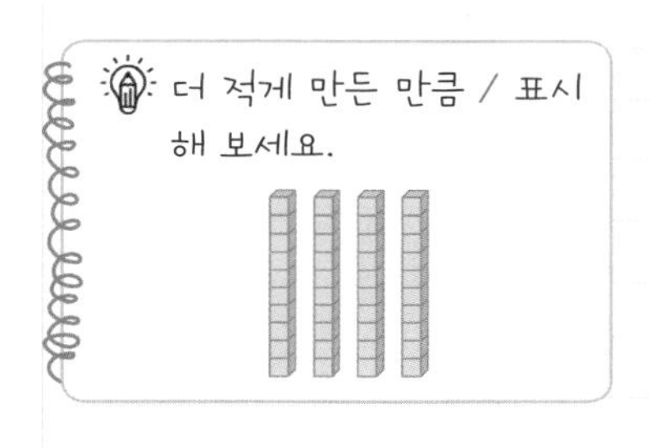

3. 수학 점수를 시우는 95점 받았고, 현지는 시우보다 15점 더 적게 받았습니다. 현지가 받은 수학 점수는 몇 점일까요?

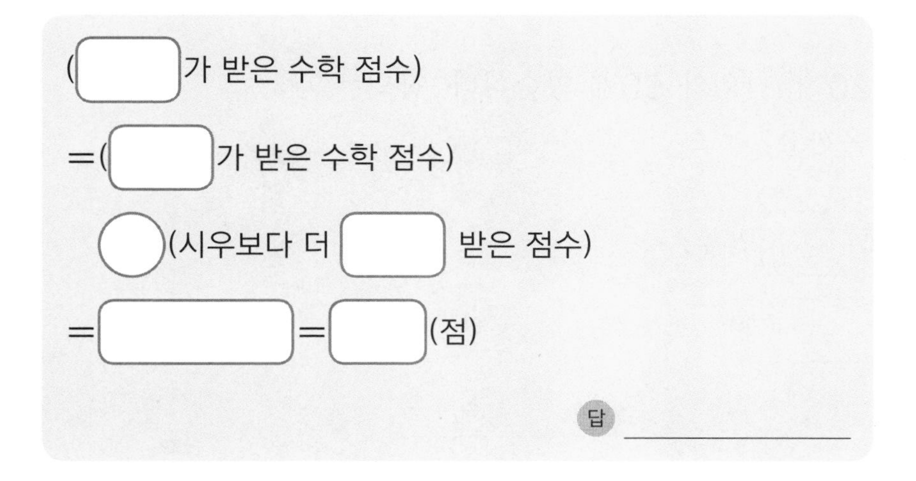

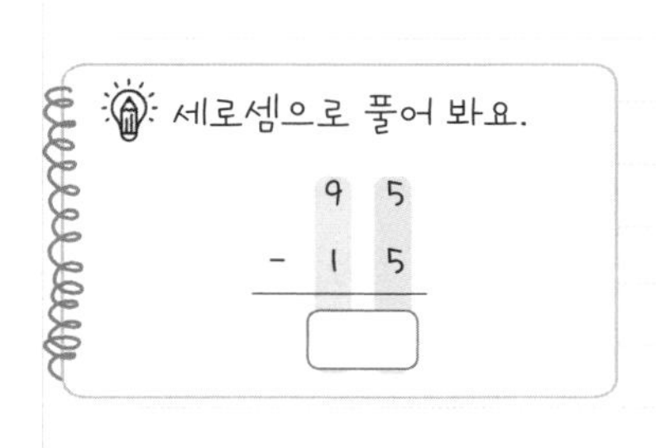

1. 운동장에 남자 어린이가 58명, 여자 어린이가 16명 있습니다. 남자 어린이는 여자 어린이보다 몇 명 더 많을까요?

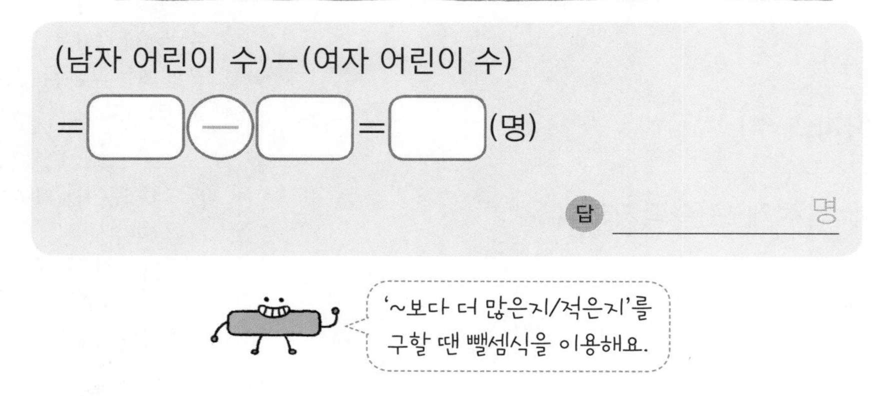

2. 색종이를 찬호는 86장, 진수는 73장 가지고 있습니다. 찬호는 진수보다 색종이를 몇 장 더 가지고 있을까요?

교과서 유형

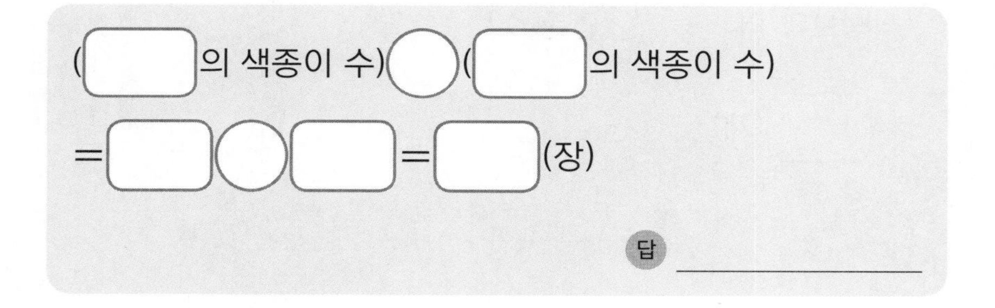

3. 과일 가게에 수박이 20개, 참외가 60개 있습니다. 참외는 수박보다 몇 개 더 많을까요?

(□의 수)○(□의 수)

=□=□(개)

답 ______

문제에서 숫자는 ○,
조건 또는 구하는 것은 ___로
표시해 보세요.

1. 수 카드 중 가장 큰 수와 가장 작은 수의 차를 구하세요.

42 23 69 76

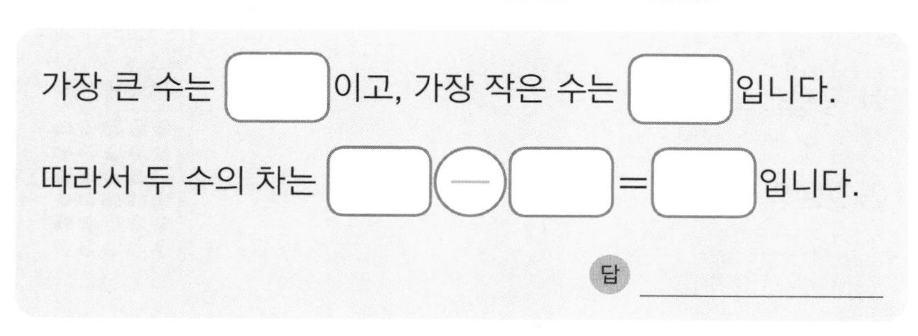

가장 큰 수는 ☐이고, 가장 작은 수는 ☐입니다.

따라서 두 수의 차는 ☐ − ☐ = ☐입니다.

답

2. 수 카드 중 2장을 골라 두 자리 수를 만들려고 합니다. 만들 수 있는 수 중에서 가장 큰 수와 가장 작은 수의 차를 구하세요.

1 7 3 8

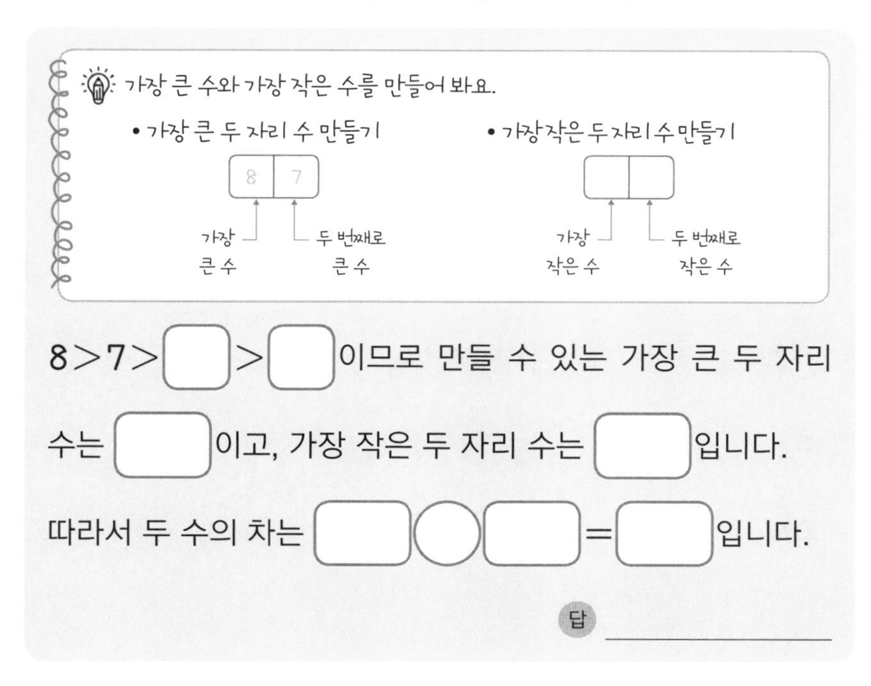

8 > 7 > ☐ > ☐이므로 만들 수 있는 가장 큰 두 자리 수는 ☐이고, 가장 작은 두 자리 수는 ☐입니다.

따라서 두 수의 차는 ☐ ◯ ☐ = ☐입니다.

답

18 덧셈과 뺄셈

1. 지유가 공깃돌을 30개 가지고 있었는데 친구가 13개를 주었습니다. 지유가 가지고 있는 공깃돌은 모두 몇 개일까요?

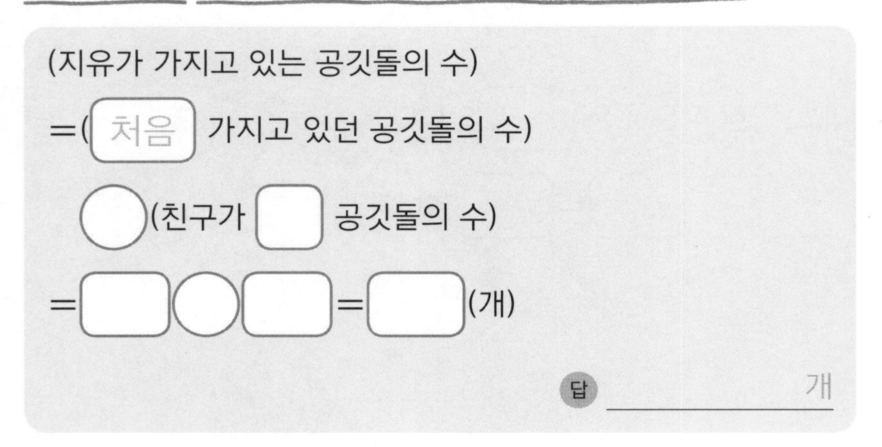

(지유가 가지고 있는 공깃돌의 수)

=(처음 가지고 있던 공깃돌의 수)

◯(친구가 ☐ 공깃돌의 수)

=☐◯☐=☐(개)

답 ______ 개

가지고 있는 공깃돌

처음 가지고 있던 공깃돌 + 친구가 준 공깃돌

2. 사탕이 20개 있었습니다. 현주가 이 중에서 몇 개를 먹었더니 10개가 남았습니다. 현주가 먹은 사탕은 몇 개일까요?

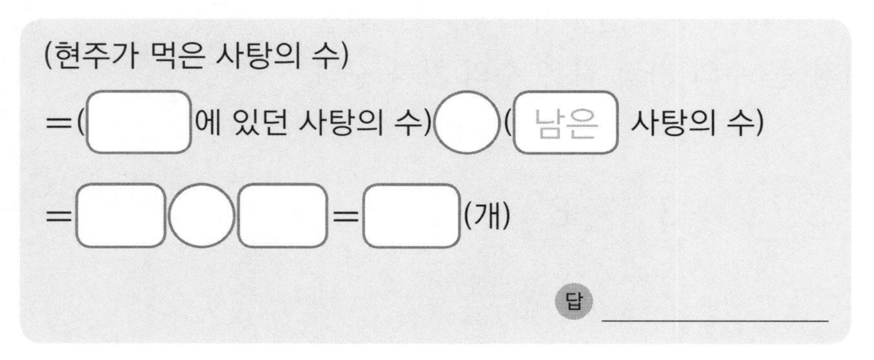

(현주가 먹은 사탕의 수)

=(☐에 있던 사탕의 수)◯(남은 사탕의 수)

=☐◯☐=☐(개)

답 ______

3. 공원에 참새가 20마리 있었는데 10마리가 날아왔습니다. 지금 공원에 있는 참새는 모두 몇 마리일까요?

(☐ 공원에 있는 참새의 수)

=(공원에 있던 참새의 수)◯(☐ 참새의 수)

=☐◯☐=☐(마리)

답 ______

1. 버스에 사람이 36명 타고 있었습니다. 이번 정류장에서 몇 명이 내렸더니 21명이 남았습니다. 이번 정류장에서 내린 사람은 몇 명일까요?

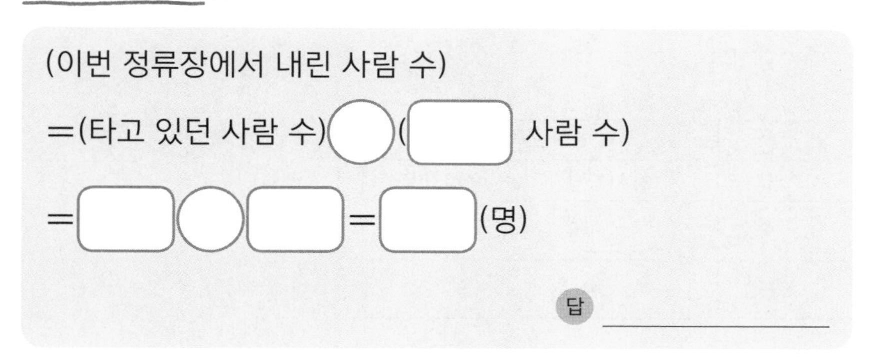

2. 색종이를 지혜는 12장을 사용했고, 현우는 33장을 사용했습니다. 두 사람이 사용한 색종이는 모두 몇 장일까요?

(두 사람이 □ 색종이 수)

=(지혜가 사용한 색종이 수)

○(□가 사용한 색종이 수)

=□=□(장)

답 ______

3. 색종이가 57장 있습니다. 지희가 이 중에서 몇 장을 사용했더니 45장이 남았습니다. 지희가 사용한 색종이는 몇 장일까요?

(지희가 □ 색종이 수)

=(처음에 있던 색종이 수)○(□ 색종이 수)

=□=□(장)

답 ______

문제에서 숫자는 ○,
조건 또는 구하는 것은 ___로
표시해 보세요.

1. 김밥집에서 어제는 참치김밥 32줄, 야채김밥 14줄을 팔았고, 오늘은 참치김밥 35줄, 야채김밥 12줄을 팔았습니다. 어제와 오늘 중 김밥을 더 많이 판 날은 언제일까요?

표로 나타내 구해 봐요.

어제	
참치김밥	야채김밥
32줄	☐줄
➡ 총 ☐줄	

오늘	
참치김밥	야채김밥
☐줄	12줄
➡ 총 ☐줄	

(어제 판 김밥 줄 수)=☐+☐=☐(줄)

(오늘 판 김밥 줄 수)=☐+☐=☐(줄)

☐>☐이므로 김밥을 더 많이 판 날은 ☐입니다.

답 ________

2. 구슬을 현아는 파란색 10개, 노란색 29개를 가지고 있고, 민수는 파란색 17개, 노란색 12개를 가지고 있습니다. 구슬을 누가 몇 개 더 많이 가지고 있을까요?

(현아가 가지고 있는 구슬의 수)=10○29=☐(개)

(민수가 가지고 있는 구슬의 수)=17○12=☐(개)

따라서 ☐가 구슬을 ☐○☐=☐(개) 더 많이 가지고 있습니다.

답 ________, ________

문제에서 숫자는 ○, 조건 또는 구하는 것은 ____로 표시해 보세요.

표로 나타내 구해 봐요.

현아	
파란색	노란색
☐개	☐개
➡ 총 ☐개	

민수	
파란색	노란색
☐개	☐개
➡ 총 ☐개	

1. 수 카드 중 가장 큰 수와 가장 작은 수의 합과 차를 각각 구하세요.

5 3 45 39

가장 큰 수는 ☐이고, 가장 작은 수는 ☐입니다.

가장 큰 수 가장 작은 수

따라서 두 수의 합은 ☐○☐=☐이고,

차는 ☐○☐=☐입니다.

답 합: ____________, 차: ____________

2. 수 카드를 한 번씩 사용하여 만들 수 있는 가장 큰 두 자리 수와 가장 작은 한 자리 수의 합과 차를 각각 구하세요.

2 8 5 6

가장 큰 수 | 두 번째 큰 수

➡ 가장 큰 두 자리 수는 가장 큰 수와 두 번째로 큰 수로 만들 수 있어요.

8>☐>☐>2이므로 만들 수 있는 가장 큰 두 자리 수는 ☐이고, 가장 작은 한 자리 수는 ☐입니다.

따라서 두 수의 합은 ☐=☐이고,

차는 ☐=☐입니다.

답 합: ____________, 차: ____________

덧셈과 뺄셈(3)

점수 / 100

한 문제당 10점

1. 지성이는 동화책을 어제까지 72쪽 읽었고, 오늘 6쪽을 더 읽었습니다. 지성이가 오늘까지 읽은 동화책은 모두 몇 쪽일까요?

( )

2. 체육 시간에 정민이네 반 학생 중 모자를 쓴 학생은 25명, 모자를 쓰지 않은 학생은 4명입니다. 정민이네 반 학생은 모두 몇 명일까요?

( )

3. 시우는 훌라후프를 아침에 60번 했고, 저녁에는 아침보다 30번 더 했습니다. 시우는 저녁에 훌라후프를 몇 번 했을까요?

( )

4. 윤서네 반은 남학생이 13명, 여학생이 15명입니다. 윤서네 반 학생은 모두 몇 명일까요?

( )

5. 피자 가게에서 새우 피자를 36판, 스테이크 피자를 41판 판매하였습니다. 피자 가게에서 판 피자는 모두 몇 판일까요?

( )

6. 수혁이는 색종이를 29장 가지고 있습니다. 이 중에서 8장을 사용하였다면 남은 색종이는 몇 장일까요?

( )

7. 서영이는 연필을 65자루 가지고 있습니다. 이 중에서 3자루를 사용하였다면 남은 연필은 몇 자루일까요?

( )

8. 수지는 동화책을 80권 가지고 있습니다. 이 중에서 30권을 읽었습니다. 수지가 읽지 않은 동화책은 몇 권일까요?

( )

9. 과일 가게에 망고가 94개, 파인애플이 31개 있습니다. 망고는 파인애플보다 몇 개 더 많을까요?

( )

10. 줄넘기를 연아는 87번, 태우는 72번 넘었습니다. 연아는 태우보다 줄넘기를 몇 번 더 넘었을까요?

( )

바빠 시리즈
초·중등 수학 교재 한눈에 보기

1학년	2학년	3학년	4학년	5학년	6학년	중학생

바빠 교과서 연산 | 학교 진도 맞춤 연산

*학기 시작은 바빠 교과서 연산과 함께하세요!

- ▶ 가장 쉬운 교과 연계용 수학책
- ▶ 수학 학원 원장님들의 연산 꿀팁 수록!
- ▶ 이번 학기 필요한 연산만 모아 계산 속도가 빨라진다.

1~6학년 학기별 각 1권 | 전 12권

바빠 중학연산

1학기 수학 기초 완성

1~3학년 각 2권 (전 6권)

나 혼자 푼다! 바빠 수학 문장제 | 학교 시험 문장제, 서술형 완벽 대비

*교과서 순서와 똑같아 공부하기 좋아요!

- ▶ 빈칸을 채우면 풀이와 답 완성!
- ▶ 교과서 대표 유형 집중 훈련
- ▶ 대화식 도움말이 담겨 있어, 혼자 공부하기 좋은 책

1~6학년 학기별 각 1권 | 전 12권

바빠 중학도형

2학기 수학 기초 완성

1~3학년 각 1권 (전 3권)

바빠 연산법 | 10일에 완성하는 영역별 연산 총정리

베스트셀러

학년별 인기 도서

구구단, 시계와 시간 | 길이와 시간 계산, 곱셈 | 나눗셈, 분수, 방정식 | 약수와 배수, 분수, 소수 | 비와 비례, 방정식

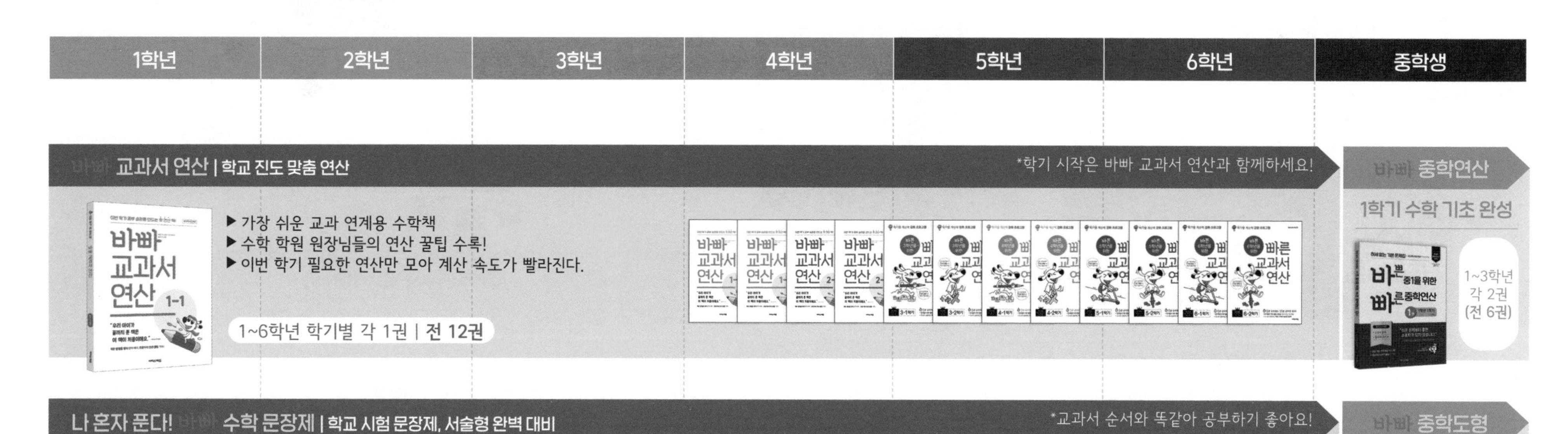

- ▶ 결손 보강용 영역별 연산 책
- ▶ 취약한 연산만 집중 훈련
- ▶ 시간이 절약되는 똑똑한 훈련법!

예비초~6학년 영역별 | 전 25권

바빠 시리즈 초등 영어 교재 한눈에 보기

초등학교 입학 전후 친구들을 위한
'7살 첫 영어 시리즈'도 있어요!

	초등 1·2학년	초등 3·4학년	초등 5·6학년
알파벳·파닉스	바쁜 초등학생을 위한 빠른 알파벳 쓰기 바쁜 초등학생을 위한 빠른 파닉스 1, 2		
단어	바쁜 초등학생을 위한 빠른 사이트 워드 1, 2 바쁜 초등학생을 위한 빠른 영단어 스타터 1, 2	짝 단어로 끝내는 바빠 초등 영단어 3·4학년용 바빠 초등 필수 영단어	짝 단어로 끝내는 바빠 초등 영단어 5·6학년용 바빠 초등 필수 영단어 트레이닝 쓰면서 끝내기
리딩	바빠 초등 파닉스 리딩 1, 2	바빠 초등 영어 리딩 1, 2, 3	영어동화 100편: 명작동화 과학동화 위인동화
문법		바쁜 3·4학년을 위한 빠른 영문법 1, 2	바빠 초등 영문법 1, 2, 3 5·6학년용 바빠 영어 시제 특강 5·6학년용
라이팅·스피킹		바빠 초등 영어 일기 쓰기 바빠 초등 영어 교과서 필수 표현	바빠 초등 하루 5문장 영어 글쓰기 1, 2 바빠 초등 문장의 5형식 영작문

초등 수학 공부, 이렇게 하면 효과적!

“펑펑 내려야 눈이 쌓이듯 공부도 집중해야 실력이 쌓인다!”

학교 다닐 때는? 학기별 연산책 ‘바빠 교과서 연산’

‘바빠 교과서 연산’부터 시작하세요. 학기별 진도에 딱 맞춘 쉬운 연산 책이니까요! 방학 동안 다음 학기 선행을 준비할 때도 ‘바빠 교과서 연산’으로 시작하세요! 교과서 순서대로 빠르게 공부할 수 있어, 첫 번째 수학 책으로 추천합니다.

시험이나 서술형 대비는? ‘나 혼자 푼다 바빠 수학 문장제’

학교 시험을 대비하고 싶다면 ‘나 혼자 푼다 바빠 수학 문장제’로 공부하세요. 너무 어렵지도 쉽지도 않은 딱 적당한 난이도로, 빈칸을 채우면 풀이 과정이 완성됩니다! 막막하지 않아요~ 요즘 학교 시험 풀이 과정을 손쉽게 연습할 수 있습니다.

방학 때는? 10일 완성 영역별 연산책 ‘바빠 연산법’

내가 부족한 영역만 골라 보충할 수 있어요! 예를 들어 4학년인데 나눗셈이 어렵다면 나눗셈만, 분수가 어렵다면 분수만 골라 훈련하세요. 방학 때나 학습 결손이 생겼을 때, 취약한 연산 구멍을 빠르게 메꿀 수 있어요!

바빠 연산 영역 :
덧셈, 뺄셈, 구구단, 시계와 시간, 길이와 시간 계산, 곱셈, 나눗셈, 약수와 배수, 분수, 소수, 자연수의 혼합 계산, 분수와 소수의 혼합 계산, 평면도형 계산, 입체도형 계산, 비와 비례, 방정식, 확률과 통계

바빠 시리즈 초등 학년별 추천 도서

학년	학기별 연산책 바빠 교과서 연산 학기 중, 선행용으로 추천!	나 혼자 푼다 바빠 수학 문장제 학교 시험 서술형 완벽 대비!
1학년	· 바빠 교과서 연산 1-1 · 바빠 교과서 연산 1-2	· 나 혼자 푼다 바빠 수학 문장제 1-1 · 나 혼자 푼다 바빠 수학 문장제 1-2
2학년	· 바빠 교과서 연산 2-1 · 바빠 교과서 연산 2-2	· 나 혼자 푼다 바빠 수학 문장제 2-1 · 나 혼자 푼다 바빠 수학 문장제 2-2
3학년	· 바빠 교과서 연산 3-1 · 바빠 교과서 연산 3-2	· 나 혼자 푼다 바빠 수학 문장제 3-1 · 나 혼자 푼다 바빠 수학 문장제 3-2
4학년	· 바빠 교과서 연산 4-1 · 바빠 교과서 연산 4-2	· 나 혼자 푼다 바빠 수학 문장제 4-1 · 나 혼자 푼다 바빠 수학 문장제 4-2
5학년	· 바빠 교과서 연산 5-1 · 바빠 교과서 연산 5-2	· 나 혼자 푼다 바빠 수학 문장제 5-1 · 나 혼자 푼다 바빠 수학 문장제 5-2
6학년	· 바빠 교과서 연산 6-1 · 바빠 교과서 연산 6-2	· 나 혼자 푼다 바빠 수학 문장제 6-1 · 나 혼자 푼다 바빠 수학 문장제 6-2

'바빠 교과서 연산'과
'바빠 수학 문장제'를
함께 풀면
한 학기 수학 완성!

바쁜 친구들이 즐거워지는
빠른 학습법

새 교육과정 반영

+ 단원평가

빈칸을 채우면
풀이는 저절로 완성!

1-2
1학년 2학기

이지스에듀

학교 시험 자신감
충전 완료!
주관식
서술형

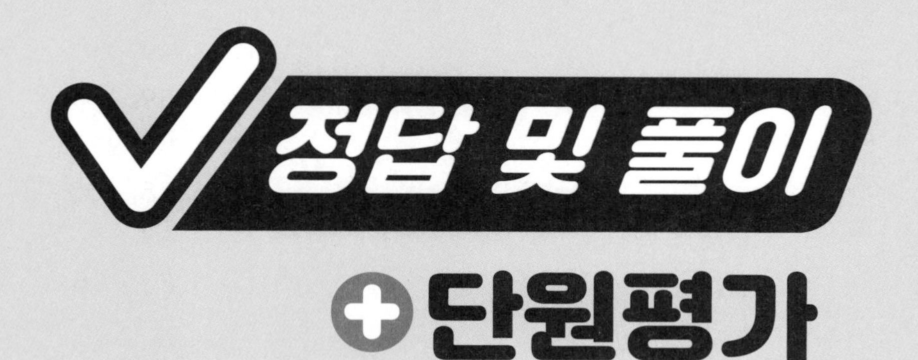
정답 및 풀이
단원평가

첫째 마당 100까지의 수

01 몇십, 99까지의 수

8쪽

1. 오십, 쉰
2. 팔십, 여든
3. 구십, 아흔
4. 오십삼, 쉰셋
5. 육십오, 예순다섯
6. 육십칠, 예순일곱
7. 칠십이, 일흔둘
8. 칠십팔, 일흔여덟
9. 팔십구, 여든아홉
10. 구십사, 아흔넷
11. 구십육, 아흔여섯

9쪽

1. 7
2. 90
3. 8
4. 6
5. 10개씩 묶음 8개
6. 10개씩 묶음 9개와 낱개 6개입니다
7. 89
8. 7
9. 5

10쪽

1. 60 / 60 답 60개
2.

10개씩 묶음	낱개
8	4

➡

수
84

낱개, 84 / 84 답 84개

3. 10장씩 7묶음, 낱개, 78 / 78 답 78장

11쪽

1.

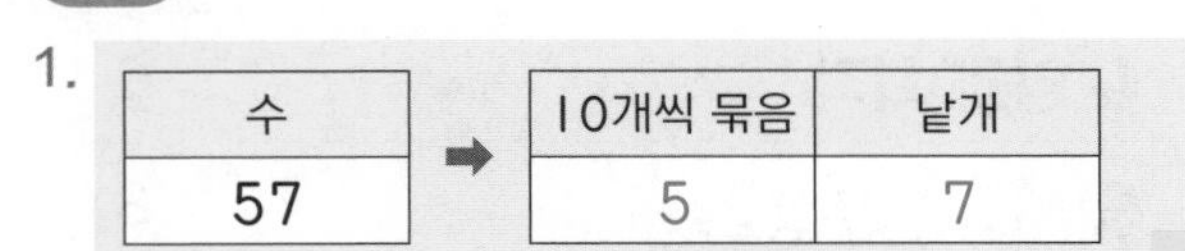

수
57

➡

10개씩 묶음	낱개
5	7

5, 7 / 5, 7 답 5봉지, 7개

2. 7, 3 / 3 답 3개
3. 8, 6 / 6 답 6개

02 수의 순서

12쪽

1.

58 - 59 - 60 - 61 - 62 - 63 - 64 - 65 - 66 - 67

(1) 60 (2) 63 (3) 64 (4) 66

2.

91 - 92 - 93 - 94 - 95 - 96 - 97 - 98 - 99 - 100

(1) 91, 93 (2) 94 (3) 96 (4) 100

13쪽

1. 79
2. 71
3. 99
4. 59
5. 89, 91
6. 98, 100
7. 69 / 71
8. 83 / 85

14쪽

1. 54 / 54 답 54장
2. 1, 작은, 85 / 85 답 85마리
3. 99보다, 큰, 100 / 100 답 100번

15쪽

1.

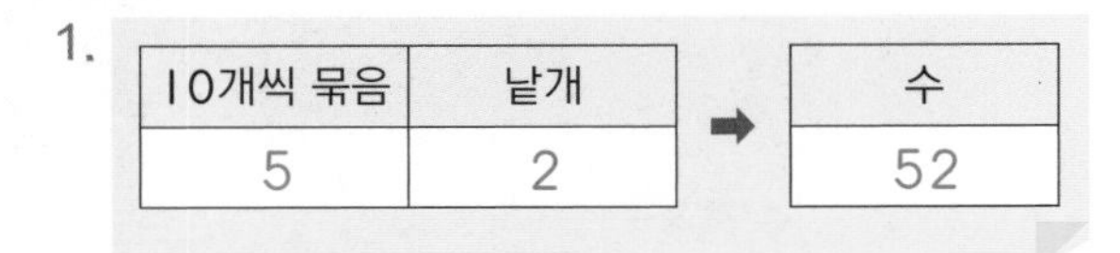

10개씩 묶음	낱개
5	2

➡

수
52

52 / 52, 51 답 51

2. 68 / 68, 큰, 69 답 69
3. 80 / 80, 1만큼 더 작은, 79 답 79

03 수의 크기 비교하기

16쪽

1. '작습니다'에 ○ / <
2. '작습니다'에 ○ / <
3. '큽니다'에 ○ / >
4. '작습니다'에 ○ / <
5. 68　64(△)　76(○)
6. 65　69(○)　62(△)
7. 84(○)　62(△)　65
8. 82(△)　85　87(○)

17쪽

1. 3 / 0, 1, 2 / 3　　답 3개
2. 낱개, 7 / 8, 9 / 2　　답 2개
3. 큰, 6, 커야 / 7, 8, 9 / 3　　답 3개

18쪽

1. 73, 67, 73 / 선우　　답 선우
2. 87, 85, 85 / 위인전　　답 위인전
3. 80, 79 / 80, 79, 더 많은, 사과　　답 사과

19쪽

1.

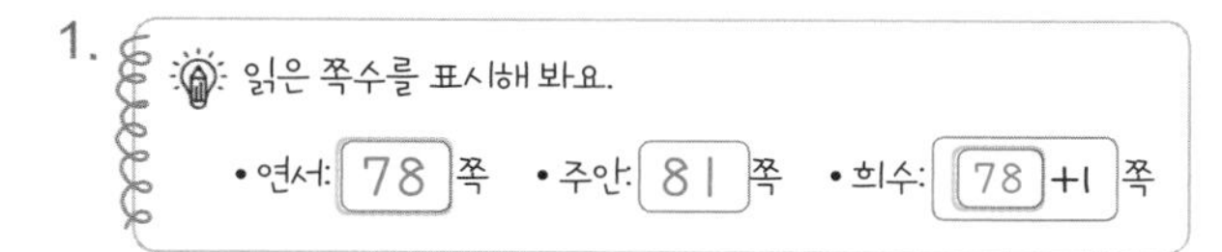

79 / 81, 79, 78, 주안　　답 주안

2. 72 / 69, 72, 73, 지훈　　답 지훈

04 짝수와 홀수

20쪽

1. 8, '짝수'에 ○
2. 9, '홀수'에 ○
3. 7, '홀수'에 ○
4. 10, '짝수'에 ○
5. '짝수'에 ○
6. '홀수'에 ○
7. '짝수'에 ○
8. '홀수'에 ○
9. '짝수'에 ○
10. '홀수'에 ○

21쪽

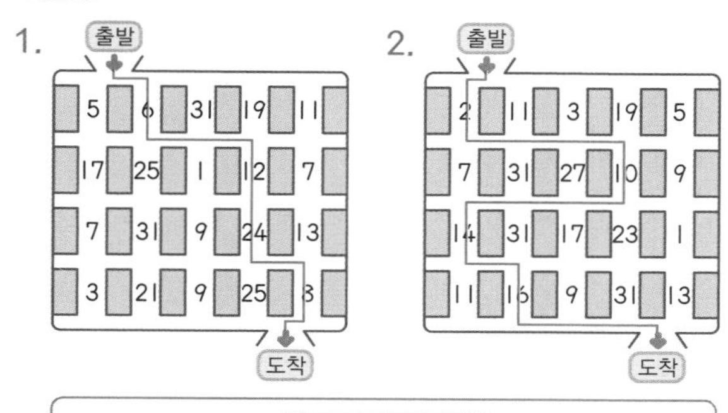

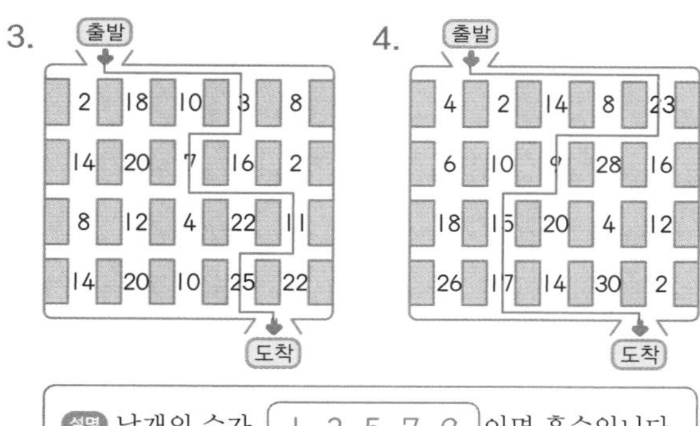

22쪽

1. 11, 20 / 12, 14, 16, 18, 20
　　답 12, 14, 16, 18, 20
2. 30, 39 / 31, 33, 35, 37, 39
　　답 31, 33, 35, 37, 39
3. 61, 69 / 홀수, 61, 63, 65, 67, 69, 5
　　답 5개

23쪽

1. 67, 68, 69 / 68　　답 68
2. 80, 81, 82 / 홀수, 81　　답 81

첫째 마당 통과 문제 24쪽

1. 90개	2. 68권
3. (1) 89 (2) 91	4. 60마리
5. 5개	6. 경원
7. 과학책	8. 연서
9. 4개	10. 91

1. 10개씩 묶음이 9개인 수는 90입니다.

2.

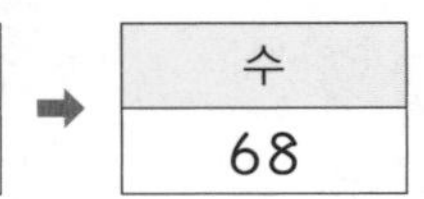

10개씩 묶음	낱개
6	8

➡

수
68

4. 59보다 1만큼 더 큰 수는 60입니다.
➡ 농장에 있는 닭은 60마리입니다.

5. 56보다 크고 62보다 작은 수는 57, 58, 59, 60, 61로 모두 5개입니다.

6. 61>58 → 61이 더 큰 수입니다.
➡ 구슬을 더 많이 가지고 있는 사람은 경원입니다.

7. 76>73 → 73이 더 작은 수입니다.
➡ 더 적은 책은 과학책입니다.

8. 희수는 줄넘기를 70번 넘었습니다.
68<70<71 → 가장 작은 수: 68
➡ 줄넘기를 가장 적게 넘은 사람은 연서입니다.

9. 70보다 크고 80보다 작은 수는 71부터 79까지의 수입니다. 이 중에서 짝수는 72, 74, 76, 78로 모두 4개입니다.

10. 10개씩 묶음이 9개이면서 93보다 작은 수는 90, 91, 92입니다. 이 중에서 홀수는 91입니다.

둘째 마당 덧셈과 뺄셈(1)

05 세 수의 덧셈과 뺄셈

26쪽

1.

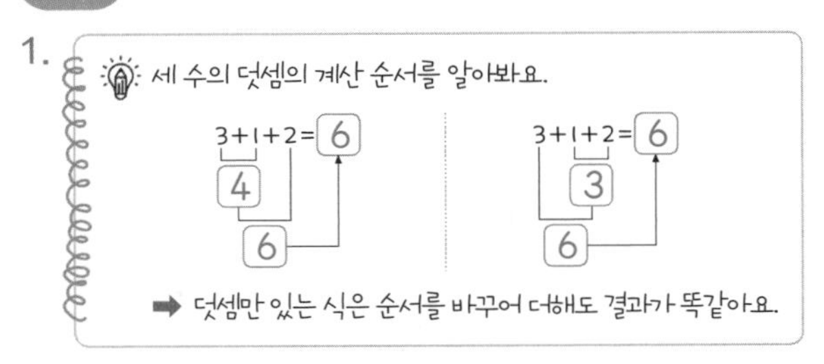

3, 1, 2 / 4, 2, 6 / 6 — 답 6권

2. 1, 3, 4 / 4, 4, 8 / 8 — 답 8개

27쪽

1. 2, 3, 1 / 5, 1, 6 / 6 — 답 6개

2. 1, 2, 3, 6 / 2, 1, 2, 5 / 1 — 답 1반

28쪽

1.

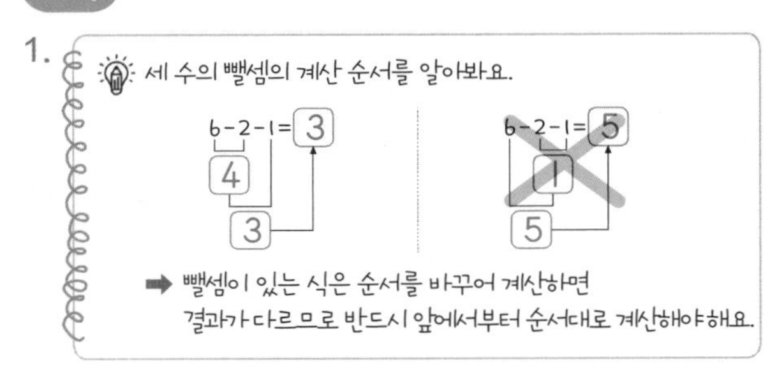

6, 2, 1 / 4, 1, 3 / 3 — 답 3개

2. 8, −, 2, −, 3 / 6, 3, 3 / 3 — 답 3개

29쪽

1. 7, 3, 1 / 4, 1, 3 / 3 — 답 3명

2. 8, −, 1, −, 2 / 7, 2, 5 / 5 — 답 5칸

3. 예 9−3−2=6−2=4(장)입니다. / 4
답 4장

06 10이 되는 더하기, 10에서 빼기

30쪽

1. 7, 3, 10 / 10 — 답 10개
2. + / 6, +, 4 / 10 — 답 10개
3. + / 8+2 / 10 — 답 10살

31쪽

1.

10, 5, 5 / 5 — 답 5송이

2. − / 10−3=7(자루) / 7 — 답 7자루

32쪽

1.

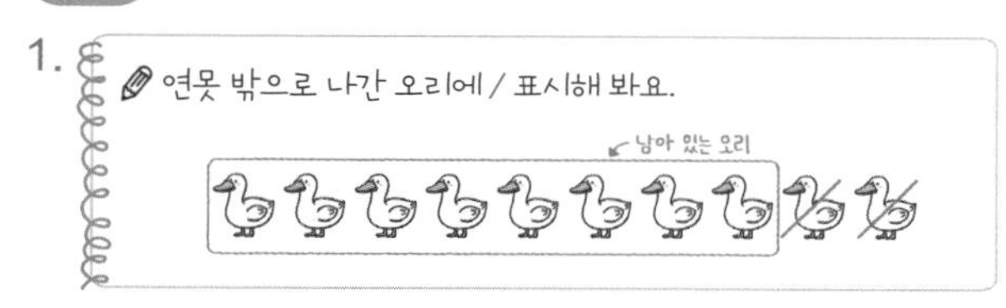

10, −, 8 / 2 / 2 — 답 2마리

2. − / 10, −, 3 / 7 / 7 — 답 7대

33쪽

1. 5, 5, 10 / 10, 6, 4 / 4 — 답 4개
2. + / 6, +, 4 / 10 / − / 10, −, 5 / 5 / 5 — 답 5개

07 10을 만들어 더하기

34쪽

1. 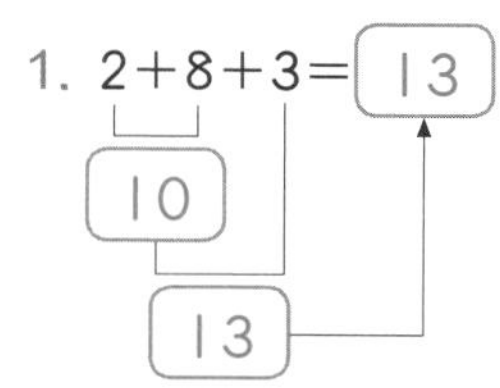

2. 5+5+7=17, 10, 17

3. 4+6+5=15, 10, 15

4. 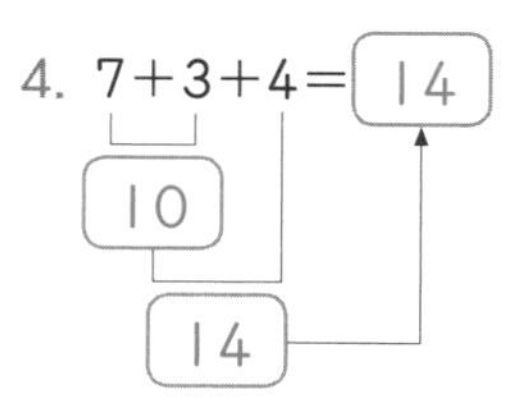

5. 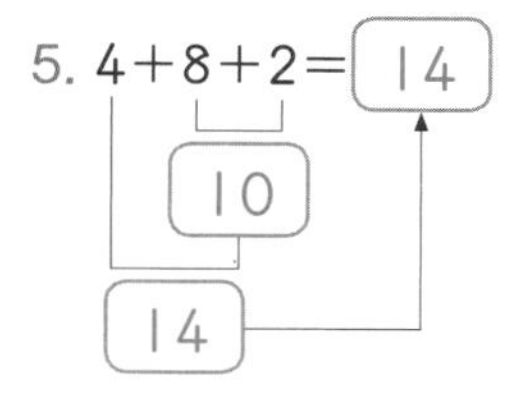

6. 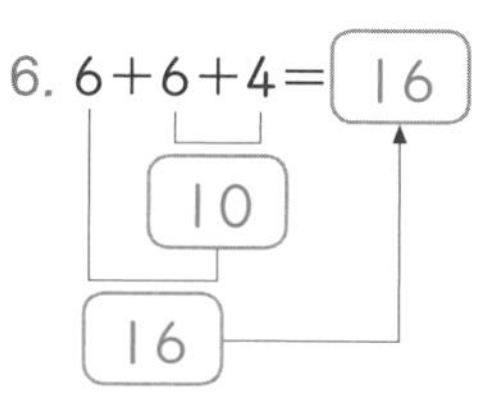

7. 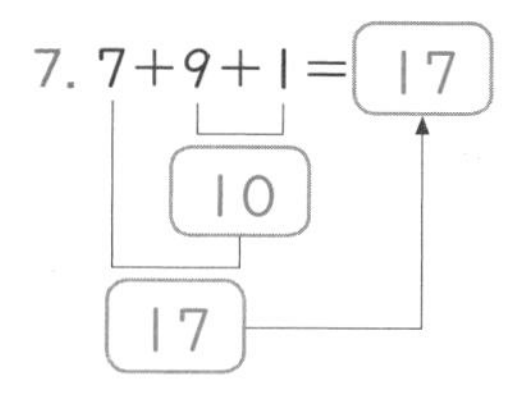

8. 4+3+7=14, 10, 14

35쪽

1. (7)+2+(3)=12
2. 7+(4)+(6)=17
3. (5)+4+(5)=14
4. (2)+7+(8)=17
5. 5, 5 / 3, 13
6. 4, 6 / 5, 15
7. 6, 4 / 7, 17
8. 2, 8 / 5, 15

36쪽

1. 8, 2, 3 / 3 / 13 — 답 13마리
2. 6, 4, 5 / 15 — 답 15개
3. 5, 4, 5 / 14 — 답 14개

37쪽

1. 3, 4, 6 / 3 / 13 — 답 13개
2. 5, 6, 5, 16 — 답 16개
3. 4, 7, 3, 14 — 답 14개

둘째 마당 통과 문제 38쪽

1. 9개	2. 2장
3. 10장	4. 3개
5. 10개	6. 10명
7. 6대	8. 15자루
9. 14개	10. 13명

1. (접시에 있는 사탕의 수)
   =6+1+2=9(개)
2. (남은 색종이의 수)=9−5−2=2(장)
3. (재석이가 사용한 색종이의 수)
   =6+4=10(장)
4. (남아 있는 딸기의 수)
   =(처음 딸기의 수)−(현주가 먹은 딸기의 수)
   =10−7=3(개)
5. (수아가 먹은 젤리의 수)
   =5+5=10(개)
6. (지금 마을버스에 타고 있는 사람 수)
   =(처음 마을버스에 타고 있던 사람 수)
   +(더 탄 사람 수)
   =9+1=10(명)
7. (날아간 비행기의 수)
   =(처음 비행기의 수)−(남은 비행기의 수)
   =10−4=6(대)
8. (필통에 있는 색연필의 수)
   =7+3+5=10+5=15(자루)
9. (현서가 산 빵의 수)
   =4+2+8=4+10=14(개)
10. (안경을 쓴 학생 수)
   =3+2+8=3+10=13(명)

셋째 마당 모양과 시각

08 여러 가지 모양 알아보기/꾸미기

40쪽

1. '●'에 ○
2. '■'에 ○
3. '▲'에 ○
4. ㉢, ㉤
5. ㉡, ㉣
6. ㉠, ㉥

41쪽

1. (1) '■'에 ○
   (2) ① '곧은 선'에 ○ ② '4군데'에 ○
2. (1) '▲'에 ○
   (2) ① '곧은 선'에 ○ ② '3군데'에 ○
3. (1) '■', '●'에 ○
   (2) ① '뾰족한 부분'에 ○ ② '둥근 부분'에 ○

42쪽

1. 4, 2, 5 / '●'에 ○ 답 ●
2. 9, 3, 4 / '■'에 ○ 답 ■

43쪽

1. 2, 5, 4 / '■'에 ○ 답 
2. 5, 7, 6 / '■'에 ○ 답 ■

09 몇 시, 몇 시 30분

44쪽

1. (○)(　)(○)
2. (○)(　)(○)
3. (　)(○)(　)
4. (　)(○)(　)

45쪽

1. (5시) / 12시
2. (7시) / 8시
3. 2시 30분 / (3시 30분)
4. 6시 9분 / (9시 30분)
5. (한 시) / 열두 시
6. 넷 시 / (네 시)
6. (여덟 시 삼십 분) / 아홉 시 삼십 분
8. 다섯 시 육 분 / (다섯 시 삼십 분)

46쪽

1. 3, 12 / 3　답 3시
2. 10, 12 / 시각, 10　답 10시

47쪽

1. 2, 3, 6 / 2, 30　답 2시 30분
2. 9, 10 / 긴바늘, 6 / 시각, 9, 30
　답 9시 30분

셋째 마당 통과 문제　48쪽

1. '△'에 ○
2. '○'에 ○
3. ㉡
4. 4개
5. '□'에 ○
6. 2, 12
7. 짧은 / 8, 9 / 6
8. 1
9. 6
10. 11시

3. 뾰족한 부분이 4군데인 것은 □ 모양입니다.
4. 사용한 ○ 모양: 8개
　사용한 △ 모양: 4개
　➡ ○ 모양은 △ 모양보다 $8-4=4$(개) 더 많이 사용했습니다.
5. 사용한 ○ 모양: 8개
　사용한 △ 모양: 4개
　사용한 □ 모양: 2개
　➡ 가장 적게 사용한 모양은 □ 모양입니다.

6.

7.

8.

9.

10.

넷째 마당 덧셈과 뺄셈(2)

10 덧셈하기

50쪽

1. 9, 10, 11, 12 / 12
2. 11, 12, 13 / 13
3. 2+9=11 (1, 1)
4. 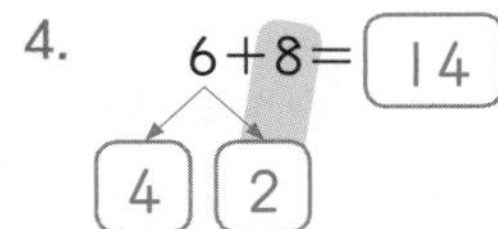
5. 8+5=13 (2, 3)
6. 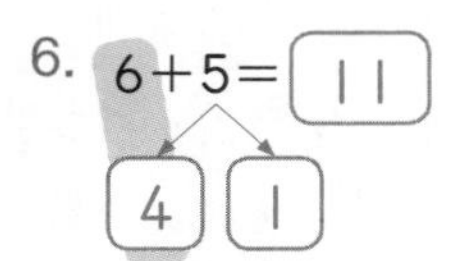

51쪽

1. 이어 세기로 구해 봐요.
1 2 3 4 5 6 7 8 9 10 11
+1 +1 +1 +1 +1
6, 5, 11 — 답 11개
2. + / 5, +, 7 / 12 — 답 12개
3. +, 지호 / 8+6 / 14 — 답 14개

52쪽

1. + / 9, 2, 11 — 답 11개
2. + / 6, +, 7 / 13 — 답 13개
3. 처음, + / 5+9 / 14 — 답 14마리

53쪽

1. 지수, + / 8, +, 3 / 11 — 답 11살
2. 성하, +, 많이 / 4, +, 8 / 12 — 답 12개
3. 안경, +, 많은 / 8+9 / 17 — 답 17명

11 뺄셈하기

54쪽

1. 7, 8, 9, 10 / 7
2. 8, 9, 10, 11, 12 / 8
3. 14−6=8 (4, 2)
4. 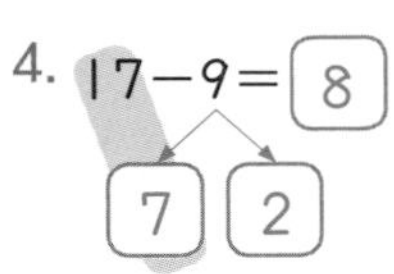
5. 14−6=8 (10, 4)
6. 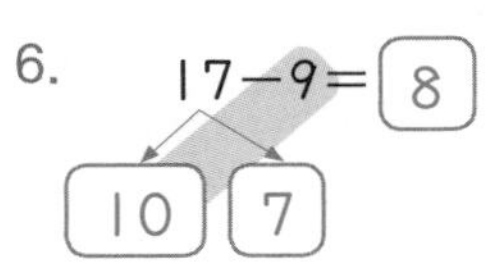

55쪽

1. − / 11, 3, 8 — 답 8개
2. 처음, − / 16, −, 7 / 9 — 답 9대
3. 처음, − / 15−8 / 7 — 답 7자루

56쪽

1. 오리, 닭 / 12, 7 / 5 / 5 — 답 5마리
2. − / 13, 9, 4 / 4, 많습니다 — 답 4명
3. 소희, 지수 / 14−6 / 8 / 지수, 8, 많이 — 답 8개

57쪽

1. − / 15, 6, 9 — 답 9쪽
2. 구슬 / −, 구슬 / 12, −, 9 / 3 — 답 3개
3. 어린이, −, 수첩 / 16−8 / 8 — 답 8권

12 덧셈과 뺄셈

58쪽

1. 큰, 큰 / 9, 8 / 9, 8, 17 / 17 — 답 17
2. 큰, 큰, 두, 큰 / 8, 6, 14 / 14 — 답 14

59쪽

1. 큰, 큰, 작은 / 13, 4, 9 / 9 — 답 9
2. 큰, 빨간색, 큰, 파란색, 작은 / 14, 5, 9 / 9 — 답 9

60쪽

1. 6, 9(또는 9, 6) / 15 / 인형 집
   답 기차, 인형 집(또는 인형 집, 기차)
2. 8, 9(또는 9, 8), 17 / 17
   / 기린, 인형 집(또는 인형 집, 기린)
   답 기린, 인형 집(또는 인형 집, 기린)
3. $6+8=14$(또는 $8+6=14$) / 14
   / 기차, 기린(또는 기린, 기차)
   답 기차, 기린(또는 기린, 기차)

61쪽

1. 12, 3, 9 — 답 9장
2. 책 / 전체, − / 11, −, 4 / 7 — 답 7권
3. 연필 / 전체, −, 연필 / $14-6$ / 8 — 답 8자루

13 여러 가지 덧셈과 뺄셈

62쪽

(왼쪽부터)

1. 11, 12, 13 / 설명 1, 1
2. 13, 12, 11 / 설명 1, 1, 작아집니다
3. 7, 6, 5 / 설명 1, 1, 작아집니다
4. 7, 8, 9 / 설명 1, 1, 커집니다

63쪽

1.
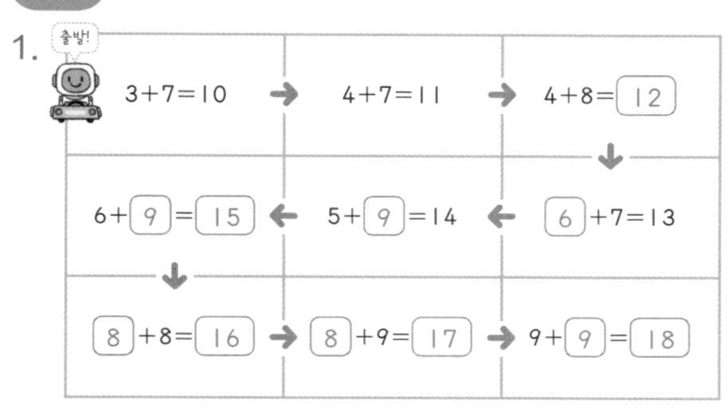

2.
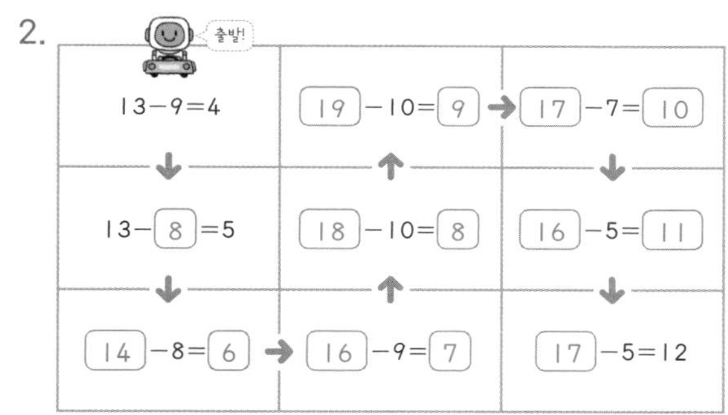

64쪽

1. 13, 13 / 6, 13, 6 — 답 6
2. 8, 8 / 3, 8, 3 — 답 3
3. 15, 15 / 7, 15, 7 — 답 7

65쪽

1. 12, 12 / 12, 9, 9 — 답 9
2. 14, 14 / 14, 6, 6 / 6, 12, 12 — 답 12
3. 15, 15 / $15-7=8$, 8 / $8+3=11$, 11 — 답 11

넷째 마당 통과 문제 66쪽

1. 12명
2. 13마리
3. 15명
4. 8
5. 6개
6. 6개
7. 6개
8. 7
9. 9
10. 14

1. (민지네 분단 학생 수)
   =(남학생 수)+(여학생 수)
   =5+7=12(명)
2. (어항에 있는 열대어의 수)=8+5=13(마리)
3. (안경을 쓰지 않은 학생 수)
   =(안경을 쓴 학생 수)
   +(안경을 쓴 학생보다 더 많은 학생 수)
   =7+8=15(명)
4. 차가 가장 큰 뺄셈식을 만들려면 가장 큰 수가 있는 빨간색 카드 중 더 큰 수에서 파란색 카드 중 더 작은 수를 뺍니다.
   ➡ 차가 가장 큰 뺄셈식은 13−5=8이므로 차는 8입니다.
5. (남은 초콜릿 수)
   =(처음 초콜릿 수)−(먹은 초콜릿 수)
   =14−8=6(개)
6. 15−9=6(개)
   ➡ 민서는 지수보다 조약돌을 6개 더 많이 주웠습니다.
7. 13−7=6(개)
   ➡ 13명에게 빵을 한 개씩 나누어 주려면 빵이 6개 더 필요합니다.
8. 8+6=14이므로 ■+7=14입니다.
   7+7=14이므로 ■=7입니다.
9. 8+8=16이므로 ♥=16입니다.
   ♥−7=16−7=9이므로 ★=9입니다.
10. 12−7=5이므로 ◆=5입니다.
    ◆+9=5+9=14이므로 ♠=14입니다.

다섯째 마당 규칙 찾기

14 규칙 찾고 말하기

68쪽

1. 흰
2. 1, 2
3. 노란색, 반복
4. 
   규칙 ○, △가 반복됩니다.
5. 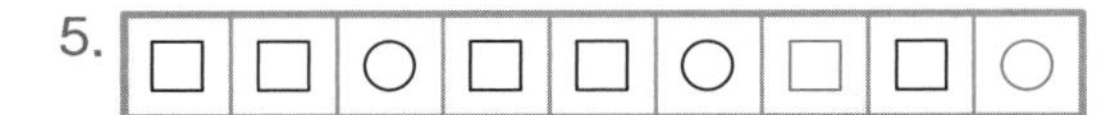
   규칙 예 □, □, ○가 반복됩니다.

69쪽

1.

세발자전거	두발자전거	세발자전거	두발자전거	세발자전거	두발자전거	세발자전거	두발자전거	세발자전거
3	2	3	2	3	2	3	2	3

규칙 3, 2

2.

△표지	○표지	○표지	△표지	○표지	○표지	△표지	○표지	○표지
△	○	○	△	○	○	△	○	○

규칙 동그라미 / △, ○

3.

●	▲	●	●	▲	●	●	▲	●
0	3	0	0	3	0	0	3	0

규칙 ▲, ● / 0, 3

70쪽

1. ●, ▲ / ▲ 답 ▲
2. 검은색, 검은색, 흰색 / 검은색 답 검은색
3. 서기, 서기 / '서 있는 아이'에 ○ 답 서 있는 아이

71쪽

1. 2, 2 / 4, 2, 2 답 2
2. 2, 1 / □, 1 / △, 2 / □, 2 답 □, 2

15 수 배열, 수 배열표에서 규칙 찾기

72쪽

1. 3 - 6 - 3 - 6 - 3 - 6 - 3 - 6 - 3

규칙 3, 6

2. 20 - 18 - 16 - 14 - 12 - 10 - 8 - 6 - 4

규칙 20, 2

3. 45 - 40 - 35 - 30 - 25 - 20 - 15 - 10 - 5

규칙 예 45부터 시작하여 오른쪽으로 갈수록 5씩 작아집니다.

4. 규칙 1부터 시작하여 2씩 뛰어 세는 규칙입니다.
5. 규칙 예 12부터 시작하여 3씩 커집니다.

73쪽

1. '→'에 ○, 1
2. 5, '↓'에 ○, 10
3. →, 1
4. 31, ↓, 5
5. 31, 6, 커집니다

74쪽

1.

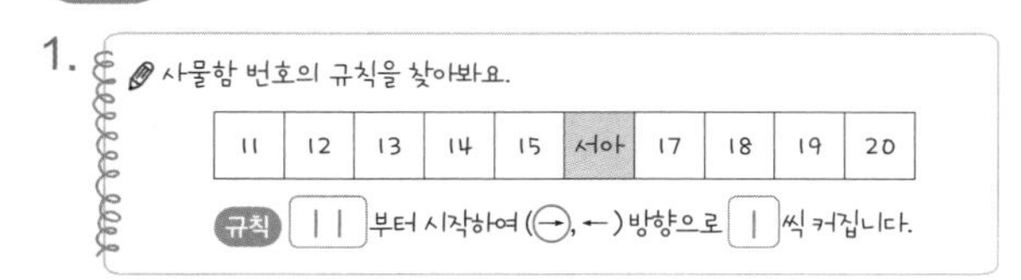

1, 큰, 16 답 16

2. 1, 큰, 28 답 28
3. 지희, 1, 29 답 29

75쪽

1. '→'에 ○, 1 / 45, 46, 46 / 52, 52

답 46, 52

2. 32, 8, '커지는'에 ○ / 8, 56 / 56, 'ⓒ'에 ○

답 56, ⓒ

다섯째 마당 통과 문제 

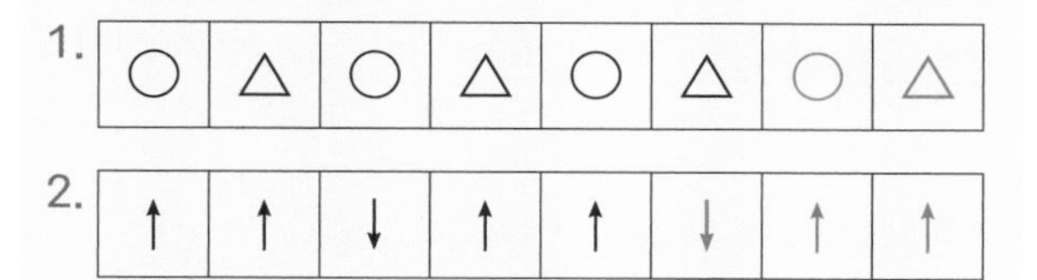

3. 예 ↑, ↓, ↓가 반복됩니다.
4. 예 1, 9가 반복됩니다.
5. 예 1부터 시작하여 2씩 커집니다.
6. 예 2부터 시작하여 2씩 커집니다.
7. →, 1
8. 23, ↓, 5
9.

♣	✤	✤	♣	✤	✤
3	4	4	3	4	4

1. 규칙 ○, △가 반복됩니다.
2. 규칙 ↑, ↑, ↓가 반복됩니다.
9. 세잎 클로버 1개와 네잎 클로버 2개가 반복됩니다. 세잎 클로버를 숫자 3으로, 네잎 클로버를 숫자 4로 나타냈습니다.

여섯째 마당 덧셈과 뺄셈(3)

16 덧셈하기

78쪽

1. 어제, 오늘 / 22, 3, 25 답 25송이
2. 처음, + / 11, +, 12 / 23 답 23명
3. +, 안경을 쓴 / 15+12 / 27 답 27명

79쪽

1. + / 23, +, 6 / 29 답 29개
2. +, 여학생 / 20+10 / 30 답 30명
3. 어제, +, 오늘 더 읽은 / 52+11 / 63 답 63쪽

80쪽

1. 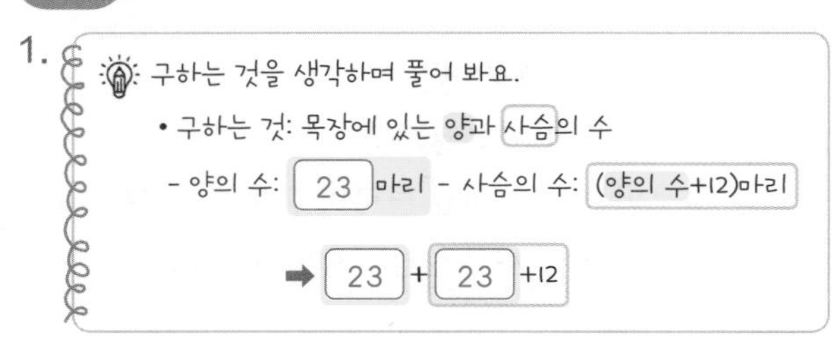

23, +, 12 / 35 / 23, +, 35 / 58 답 58마리

2. +, 축구공 / 11+42 / 53 / 11, +, 53 / 64 답 64개

81쪽

1. 61, 26 / 61, 26, 87 답 87
2. 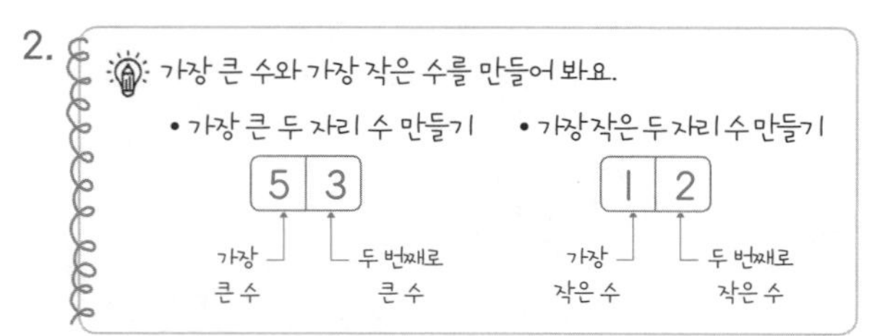

2, 1 / 53, 12 / 53, +, 12 / 65 답 65

17 뺄셈하기

82쪽

1. 남은 / 처음, − / 58, −, 6 / 52 답 52개
2. 남은 / 처음, −, 사용한 / 50, −, 30 / 20 답 20개
3. 남은 / 전체, − / 76−31 / 45 답 45쪽

83쪽

1. 준호, −, 준호 / 18, −, 4 / 14 답 14장
2. 식빵, −, 적게 / 40, −, 10 / 30 답 30개
3. 현지 / 시우, −, 적게 / 95−15 / 80 답 80점

84쪽

1. 58, −, 16 / 42 답 42명
2. 찬호, −, 진수 / 86, −, 73 / 13 답 13장
3. 참외, −, 수박 / 60−20 / 40 답 40개

85쪽

1. 76, 23 / 76, −, 23 / 53 답 53
2. 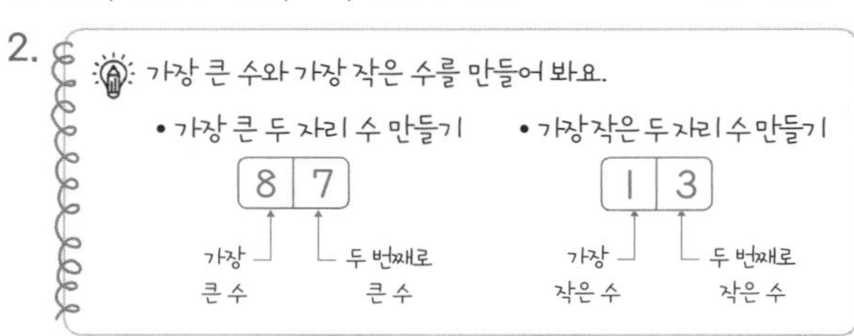

3, 1 / 87, 13 / 87, −, 13 / 74 답 74

18 덧셈과 뺄셈

86쪽

1. 처음, +, 준 / 30, +, 13 / 43 답 43개
2. 처음, −, 남은 / 20, −, 10 / 10 답 10개
3. 지금 / +, 날아온 / 20, +, 10 / 30 답 30마리

87쪽

1. −, 남은 / 36, −, 21 / 15 답 15명
2. 사용한 / 지혜, +, 현우 / 12+33 / 45 답 45장
3. 사용한 / −, 남은 / 57−45 / 12 답 12장

88쪽

1.
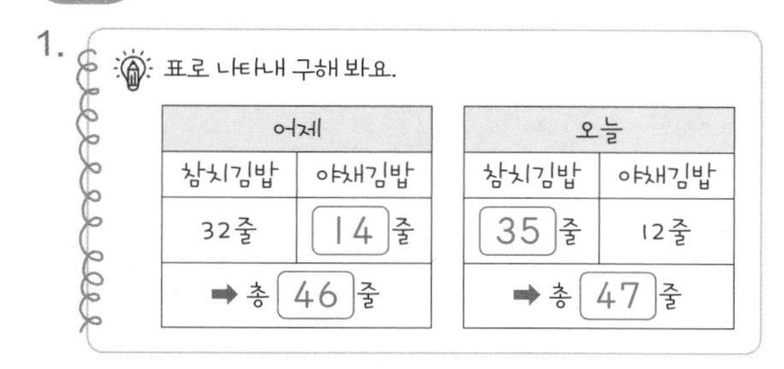

32, 14, 46 / 35, 12, 47 / 47, 46, 오늘 답 오늘

2. +, 39 / +, 29 / 현아 / 39, −, 29 / 10 답 현아, 10개

89쪽

1. 45, 3 / 45, +, 3 / 48 / 45, −, 3 / 42 답 48, 42
2. 6, 5 / 86, 2 / 86+2 / 88 / 86−2 / 84 답 88, 84

여섯째 마당 통과 문제 90쪽

1. 78쪽	2. 29명	3. 90번
4. 28명	5. 77판	6. 21장
7. 62자루	8. 50권	9. 63개
10. 15번		

1. (지성이가 오늘까지 읽은 동화책의 쪽수)
=(어제까지 읽은 동화책의 쪽수)
+(오늘 더 읽은 동화책의 쪽수)
=72+6=78(쪽)
2. (정민이네 반 학생 수)
=(모자를 쓴 학생 수)
+(모자를 쓰지 않은 학생 수)
=25+4=29(명)
3. (시우가 저녁에 한 훌라후프의 수)
=(아침에 한 훌라후프의 수)
+(아침보다 더 많이 한 훌라후프의 수)
=60+30=90(번)
4. (윤서네 반 학생 수)
=(남학생 수)+(여학생 수)
=13+15=28(명)
5. (피자 가게에서 판 피자의 수)
=(판 새우 피자의 수)+(판 스테이크 피자의 수)
=36+41=77(판)
6. (남은 색종이의 수)
=(처음 가지고 있던 색종이의 수)
−(사용한 색종이의 수)
=29−8=21(장)
7. (남은 연필의 수)
=(처음 가지고 있던 연필의 수)
−(사용한 연필의 수)
=65−3=62(자루)
8. (수지가 읽지 않은 동화책의 수)
=(가지고 있는 동화책의 수)−(읽은 동화책의 수)
=80−30=50(권)
9. 94−31=63(개)
➡ 망고는 파인애플보다 63개 더 많습니다.
10. 87−72=15(번)
➡ 연아는 태우보다 줄넘기를 15번 더 많이 넘었습니다.

단원평가 1. 100까지의 수

1. 8, 80
2. 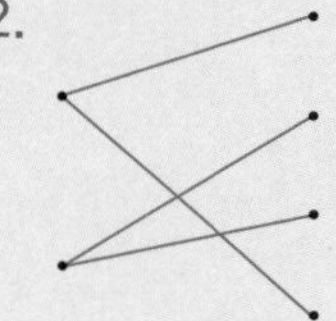
3. '일흔다섯', '칠십오'에 ○
4. (1) 81, 83
   (2) 89, 91
5. 1
6. (1) > / '큽니다'에 ○
   (2) < / '작습니다'에 ○
7. '92'에 ○, '51'에 △
8. '20', '4', '28'에 ○
9. 59마리
10. 풀이 예 50보다 크고 60보다 작은 수는 51부터 59까지의 수로 51, 52, 53, 54, 55, 56, 57, 58, 59입니다. 이 중에서 홀수는 51, 53, 55, 57, 59로 모두 5개입니다.
    답 5개

7. 십의 자리 수를 비교하면 가장 작은 수는 5이고, 가장 큰 수는 9입니다. 58>51이므로 가장 작은 수는 51이고, 가장 큰 수는 92입니다.
8. 짝수는 낱개의 수가 2, 4, 6, 8, 0입니다.
9. (닭의 수)=(오리의 수)+1=59(마리)

단원평가 2. 덧셈과 뺄셈(1)

1. (1) 5, 3, 1 / 9
   (2) 9, 2, 4 / 3
2. (1) 7
   (2) 1
3. 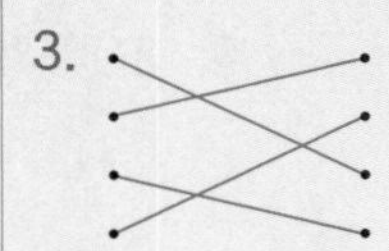
4. (1) 8+2+4= 14
   (2) 6+3+7= 16
5.
6. >
7. 7개
8. 2, 8(또는 8, 2)
9. 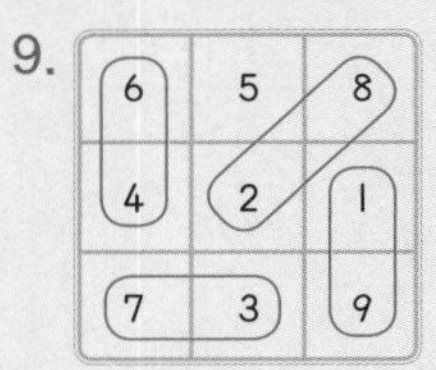
10. 풀이 예 (재희가 산 빵의 수)
    =(식빵 수)+(밤빵 수)+(크림빵 수)
    =2+4+8=14(개)
    따라서 재희가 산 빵은 모두 14개입니다.
    답 14개

6. • 3+2+1=6
   • 9−3−1=5
   ➡ 6 > 5
7. 10−3=7(개)
   ➡ 파란색 구슬은 초록색 구슬보다 7개 더 많습니다.
8. □+5+□=15이므로
   □+□=10이 되는 두 수를 찾으면 됩니다.
   2+8=10이므로 2+5+8=15입니다.

단원평가 3. 모양과 시각

1. 나, 사
2. 가, 라, 바
3. 다, 마, 아
4. '○'에 ○
5. 지안
6. 11
7. 소희
8. 6
9. 8시
10. 풀이 예 ○ 모양은 4개, △ 모양은 2개 사용했습니다. 따라서 ○ 모양은 △ 모양보다 4−2=2(개) 더 많이 사용했습니다.

    답 2개

3. 뾰족한 부분이 3군데인 것은 △ 모양입니다.
5. ○ 모양은 뾰족한 부분 없이 굽은 선으로만 되어 있습니다.
7. • 진하가 도착한 시각: 5시 30분
   • 소희가 도착한 시각: 5시
   ➡ 더 일찍 도착한 사람: 소희

8.

9.

단원평가 4. 덧셈과 뺄셈(2)

1. 12
2. 5
3.

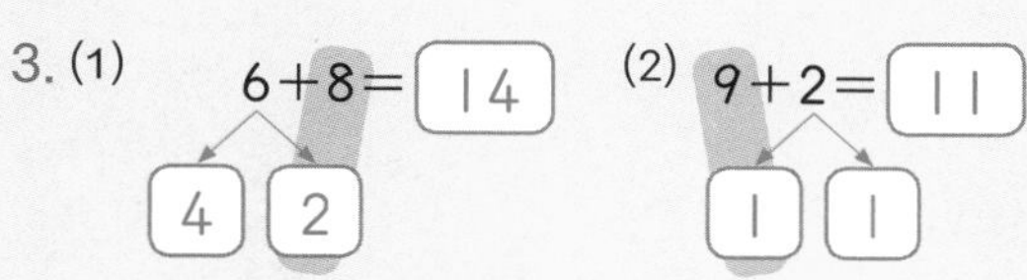

4. 5, 6, 7, 8
5.

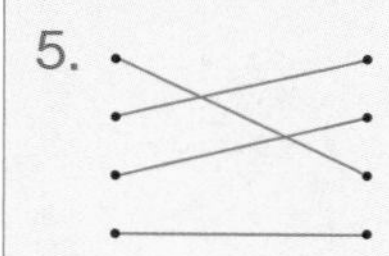

6. >
7. 13명
8.

16−8	18−9	15−7
14−8	15−6	13−5

9. 8개
10. 풀이 예 (민지가 더 모아야 하는 칭찬 스티커의 수)
    =12−(민지가 가지고 있는 칭찬 스티커의 수)
    =12−9=3(장)
    따라서 민지는 칭찬 스티커를 3장 더 모아야 연필을 받을 수 있습니다.

    답 3장

6. • 14−5=9
   • 16−9=7
   ➡ 9 (>) 7
7. (놀이터에 있는 어린이의 수)
   =(남자 어린이의 수)+(여자 어린이의 수)
   =6+7=13(명)
9. (현아가 처음에 가지고 있던 구슬의 수)
   =(지금 가지고 있는 구슬의 수)−(더 산 구슬의 수)
   =11−3=8(개)

단원평가 5. 규칙 찾기

1.

2. (　　)
(　○　)

3. (1) 10　(2) 30, 35

4. ▲, ▲

5. 민수

6. 1, 5

7. 나

8. (　　)
(　○　)

9. / 7

1	2	3	4	5	6	7	8	9	10
11	12	13	14	15	16	17	18	19	20
21	22	23	24	25	26	27	28	29	30
31	32	33	34	35	36	37	38	39	40

10. 풀이 예 → 방향으로 갈수록 1씩 커지고,
↓ 방향으로 갈수록 5씩 커집니다.
따라서 ●$=57+5=62$입니다.
●부터 수를 채워 넣으면 ▲ 위의 수는 64이므로 ▲$=64+5=69$입니다.
답 62, 69

3. (1) 2씩 커지는 규칙입니다.
(2) 5씩 커지는 규칙입니다.

5. (네모), ●, (네모)가 반복되는 규칙입니다.

6. 500원, 100원이 반복됩니다. 500원을 숫자 5로, 100원을 숫자 1로 나타냈습니다.

단원평가 6. 덧셈과 뺄셈(3)

1. 38
2. 33
3. 57
4. (　　) (○)
5.
6. 69, 69, 67, 67
7. $<$
8. 72
9. 44마리
10. 풀이 예 (민호가 캔 감자의 수)
$=$(지희가 캔 감자의 수)-15
$=56-15=41$(개)
따라서 지희와 민호가 캔 감자는 모두
$56+41=97$(개)입니다.
답 97개

7. • $33+21=54$
• $87-31=56$
➡ $54 < 56$

8. • 가장 큰 수: 87
• 가장 작은 수: 15
➡ $87-15=72$

9. $24+20=44$(마리)

단원평가 1. 100까지의 수

점수 / 100

한 문제당 10점

1. 그림을 보고 □ 안에 알맞은 수를 써넣으세요.

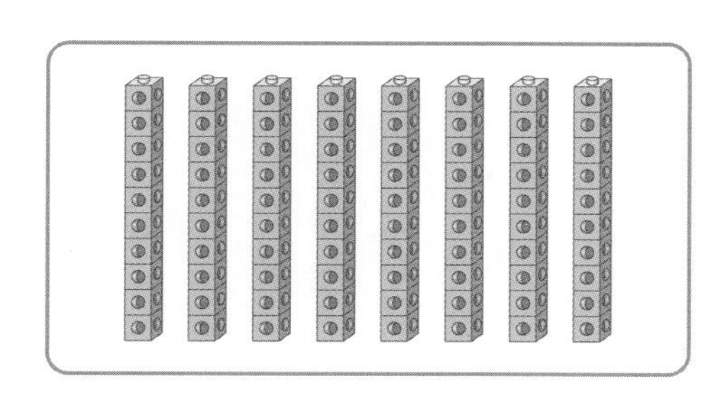

10개씩 묶음 □개는 □입니다.

2. 수를 바르게 읽은 것끼리 이어 보세요.

	• 육십삼
63 •	
	• 구십육
	• 아흔여섯
96 •	
	• 예순셋

3. 수를 바르게 읽은 것을 모두 찾아 ○를 하세요.

75

일흔다섯	칠십다섯
일흔오	칠십오

4. 빈칸에 알맞은 수를 써넣으세요.

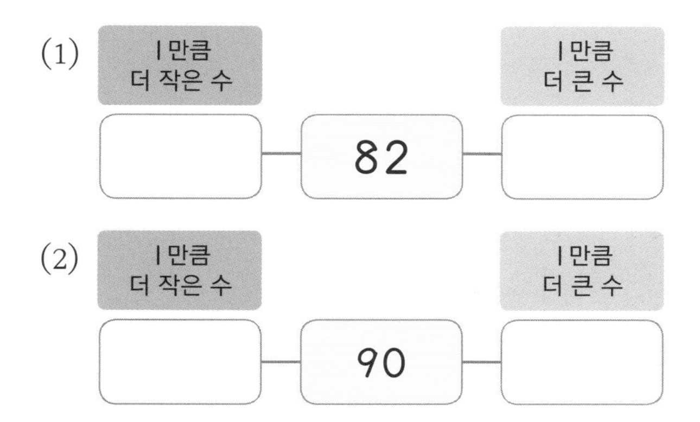

5. □ 안에 알맞은 수를 써넣으세요.

100은 99보다 □만큼 더 큰 수입니다.

6. 두 수의 크기를 비교하여 ○ 안에 >, < 중 알맞은 것을 써넣고, 알맞은 말에 ○를 하세요.

(1) 57 ○ 54

➡ 57은 54보다 (큽니다 , 작습니다).

(2) 74 ○ 82

➡ 74는 82보다 (큽니다 , 작습니다).

7. 가장 큰 수에 ○를, 가장 작은 수에 △를 하세요.

58 89 62 51 92

8. 짝수를 모두 찾아 ○를 하세요.

20 7 4 11 13 28

9. 농장에 오리가 58마리 있습니다. 닭은 오리보다 1마리 더 많을 때, 농장에 있는 닭은 몇 마리일까요?

( )

서술형 문제

10. 50보다 크고 60보다 작은 수 중에서 홀수는 모두 몇 개인지 풀이 과정을 쓰고, 답을 구하세요.

풀이

답

단원평가 2. 덧셈과 뺄셈(1)

점수 / 100

한 문제당 10점

1. 그림을 보고 주어진 식을 완성해 보세요.

(1)

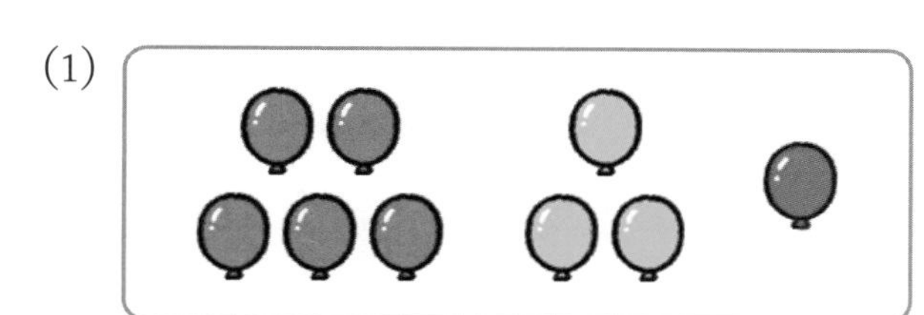

(2)

□−□−□=□

2. □ 안에 알맞은 수를 써넣으세요.

(1) $4+2+1=$□

(2) $8-5-2=$□

3. 두 수의 합이 10이 되도록 이어 보세요.

3 •	• 6
4 •	• 5
2 •	• 7
5 •	• 8

4. 합이 10이 되는 두 수를 ○로 묶고, 계산해 보세요.

(1) $8+2+4=$□

(2) $6+3+7=$□

5. 차가 같은 것끼리 이어 보세요.

9−3−4 •	• 8−2−3
7−1−3 •	• 8−4−2

6. 계산 결과의 크기를 비교하여 ○ 안에 >, < 중 알맞은 것을 써넣으세요.

$3+2+1 \bigcirc 9-3-1$

7. 파란색 구슬이 10개, 초록색 구슬이 3개 있습니다. 파란색 구슬은 초록색 구슬보다 몇 개가 더 많을까요?

( )

8. 수 카드 두 장을 골라 덧셈식을 완성해 보세요.

2 5 7 8

$\square+5+\square=15$

9. 합이 10이 되는 두 수를 모두 찾아 묶어 보세요.

6	5	8
4	2	1
7	3	9

서술형 문제

10. 재희는 빵집에서 식빵 2개, 밤빵 4개, 크림빵 8개를 샀습니다. 재희가 산 빵은 모두 몇 개인지 풀이 과정을 쓰고, 답을 구하세요.

풀이

답

단원평가 3. 모양과 시각

점수 / 100

한 문제당 10점

[1 ~ 3] 그림을 보고 물음에 답하세요.

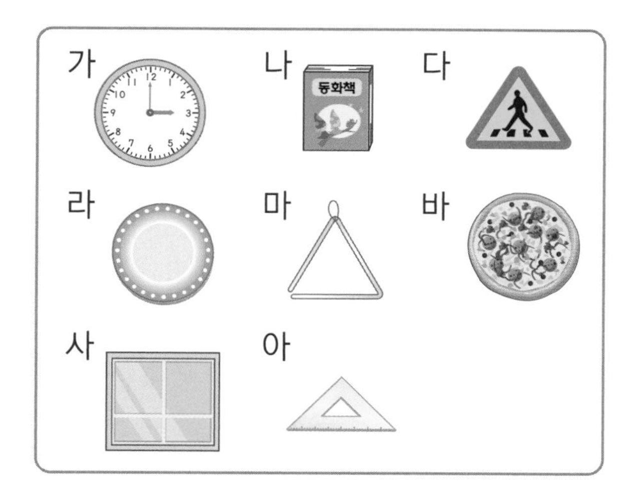

1. ■ 모양의 물건을 모두 찾아 기호를 쓰세요.

( )

2. ● 모양의 물건을 모두 찾아 기호를 쓰세요.

( )

3. 뾰족한 부분이 3군데인 것을 찾아 기호를 쓰세요.

( )

4. 그려진 모양을 찾아 ○를 하세요.

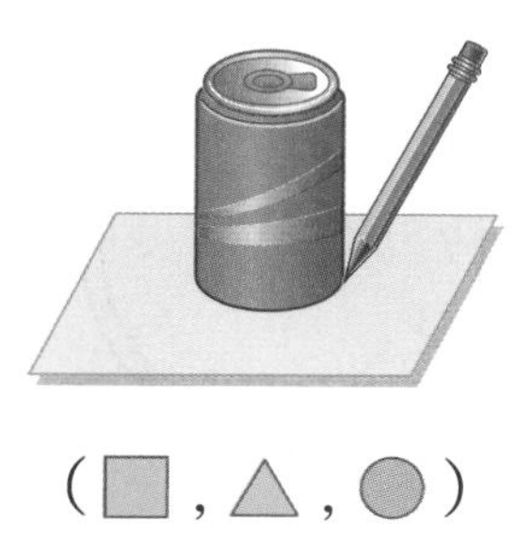

(■ , ▲ , ●)

5. ● 모양에 대해 바르게 이야기한 사람은 누구일까요?

( )

6. 시계를 보고 시각을 써 보세요.

7. 진하와 소희가 학원에 도착한 시각입니다. 더 일찍 도착한 사람은 누구일까요?

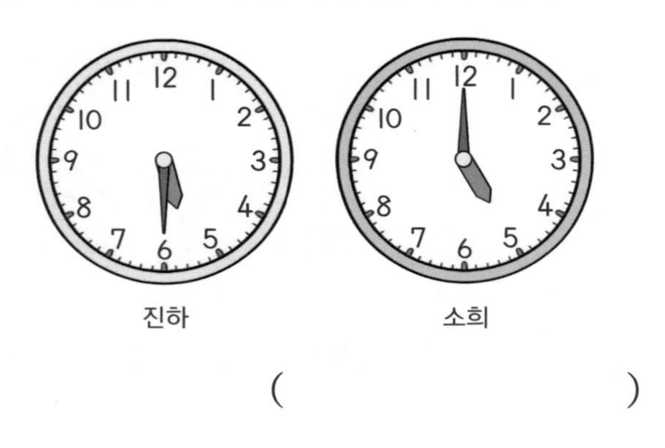

(　　　　　　　　)

8. 지금 시각은 7시 30분입니다. 긴바늘이 가리키는 숫자는 무엇일까요?

(　　　　　　　　)

9. 지수는 시계의 짧은바늘이 8, 긴바늘이 12를 가리킬 때 집에 왔습니다. 지수가 집에 온 시각을 쓰세요.

(　　　　　　　　)

서술형 문제

10. 그림에서 ● 모양은 ▲ 모양보다 몇 개 더 많이 사용했는지 풀이 과정을 쓰고, 답을 구하세요.

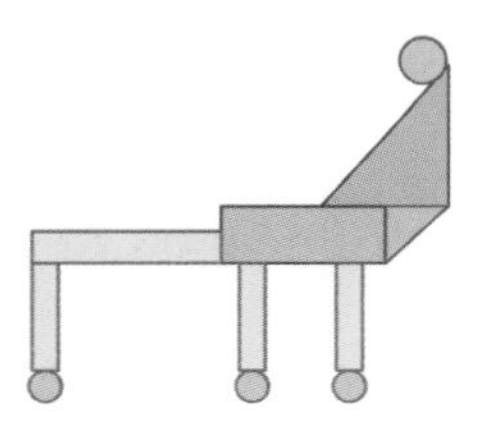

풀이

답

단원평가 4. 덧셈과 뺄셈(2)

점수 / 100

한 문제당 10점

1. 그림을 보고 덧셈을 해 보세요.

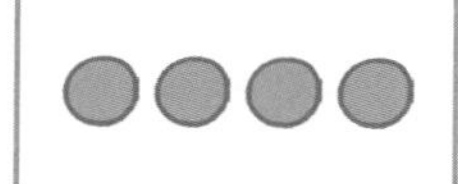

$8+4=\square$

2. 그림을 보고 뺄셈을 해 보세요.

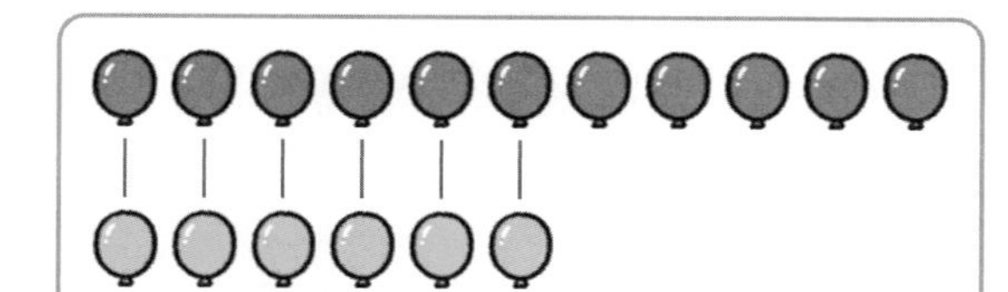

$11-6=\square$

3. □ 안에 알맞은 수를 써넣으세요.

(1) $6+8=\square$

□ □

(2) $9+2=\square$

□ □

4. 뺄셈을 해 보세요.

$12-7=\square$

$13-7=\square$

$14-7=\square$

$15-7=\square$

5. 합을 구하여 이어 보세요.

8+4 •	• 15
9+6 •	• 16
9+7 •	• 12
7+6 •	• 13

6. 계산 결과의 크기를 비교하여 ○ 안에 >, =, < 중 알맞은 것을 써넣으세요.

$14-5$ ○ $16-9$

7. 놀이터에 남자 어린이가 6명, 여자 어린이가 7명 있습니다. 놀이터에 있는 어린이는 모두 몇 명일까요?

( )

8. $17-9$와 차가 같은 뺄셈식을 모두 찾아 색칠해 보세요.

$16-8$	$18-9$	$15-7$
$14-8$	$15-6$	$13-5$

9. 현아가 구슬을 3개 더 샀더니 구슬이 모두 11개가 되었습니다. 현아가 처음에 가지고 있던 구슬은 몇 개일까요?

( )

서술형 문제

10. 칭찬 스티커 12장을 모으면 연필 한 자루를 받을 수 있습니다. 민지가 칭찬 스티커를 9장 가지고 있을 때, 몇 장을 더 모아야 연필을 받을 수 있는지 풀이 과정을 쓰고, 답을 구하세요.

풀이

답

단원평가 5. 규칙 찾기

점수 / 100

한 문제당 10점

1. 규칙에 따라 □ 안에 알맞은 그림을 그려 보세요.

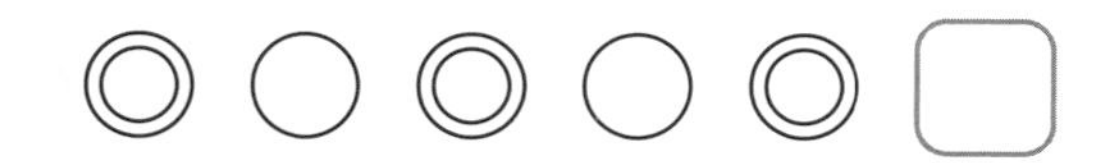

2. 파란색, 노란색, 노란색이 반복되는 규칙을 만든 것에 ○를 하세요.

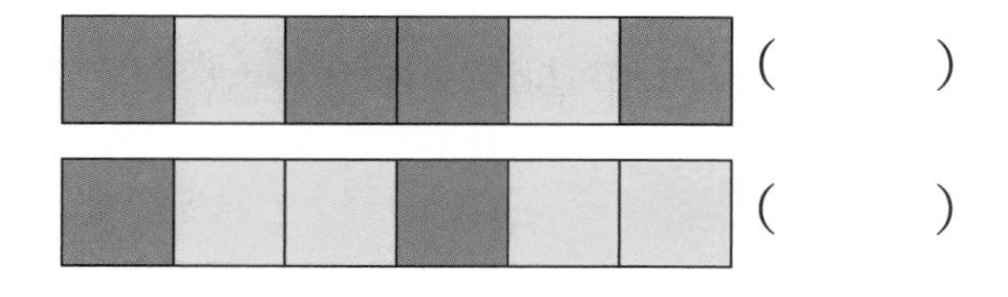

( )

( )

3. 규칙에 따라 빈칸에 알맞은 수를 써넣으세요.

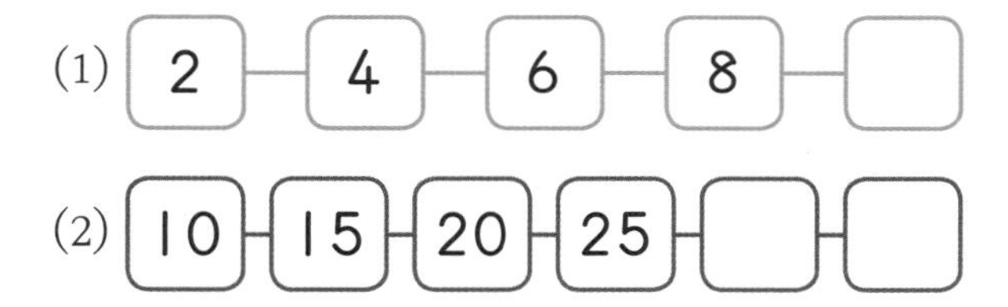

4. 규칙을 찾아 □ 안에 알맞은 모양을 그려 보세요.

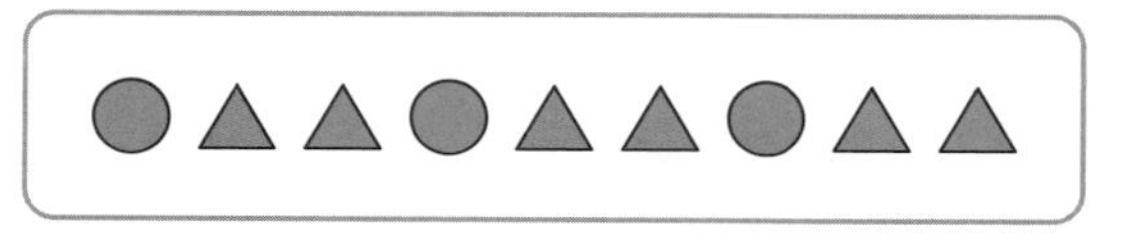

➡ ●, □, □가 반복되는 규칙입니다.

5. 규칙을 바르게 말한 사람은 누구일까요?

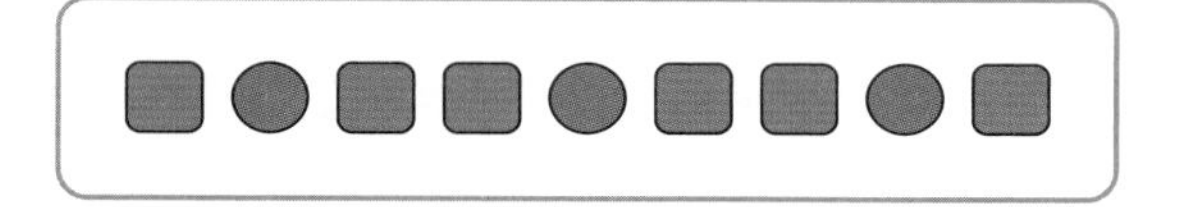

• 보혜: ■, ●가 반복되는 규칙이야.

• 민수: 초록색, 보라색, 초록색이 반복되는 규칙이야.

( )

6. 규칙을 찾아 빈칸에 알맞은 수를 써넣으세요.

500	100	500	100	500	100
5	1	5			1

※정답 및 풀이는 16쪽을 확인하세요.

7. 보기의 규칙과 같은 규칙으로 배열된 것을 찾아 기호를 쓰세요.

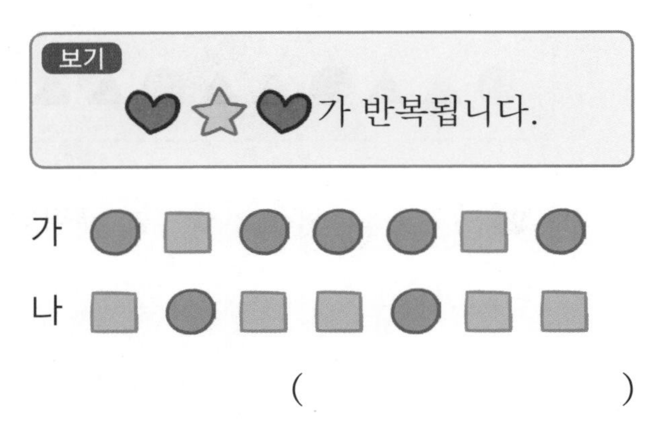

( )

8. 연필과 지우개의 규칙을 여러 가지 방법으로 나타냈습니다. 바르게 나타낸 것에 ○를 하세요.

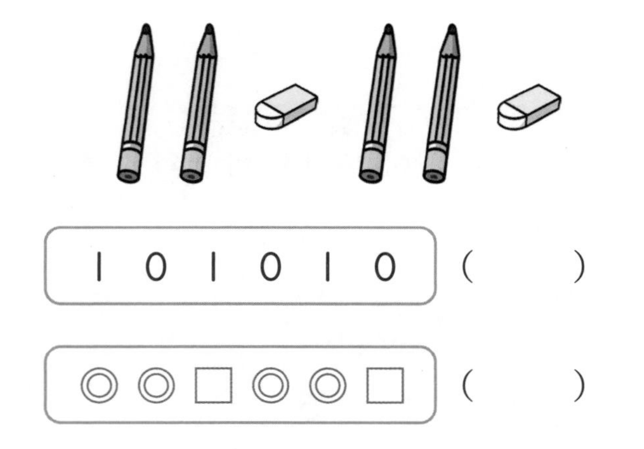

9. 색칠된 곳에 있는 수의 규칙을 찾아 쓰고, 이어서 색칠해 보세요.

1	2	3	4	5	6	7	8	9	10
11	12	13	14	15	16	17	18	19	20
21	22	23	24	25	26	27	28	29	30
31	32	33	34	35	36	37	38	39	40

규칙 2부터 시작하여 □씩 커집니다.

서술형 문제

10. 규칙을 찾아 ●와 ▲에 알맞은 수는 각각 얼마인지 풀이 과정을 쓰고, 답을 구하세요.

51	52	53	54	55
56	57	58		
	●			65
			▲	

풀이

답 ● ______, ▲ ______

단원평가

6. 덧셈과 뺄셈(3)

점수 / 100

한 문제당 10점

1. 그림을 보고 덧셈을 해 보세요.

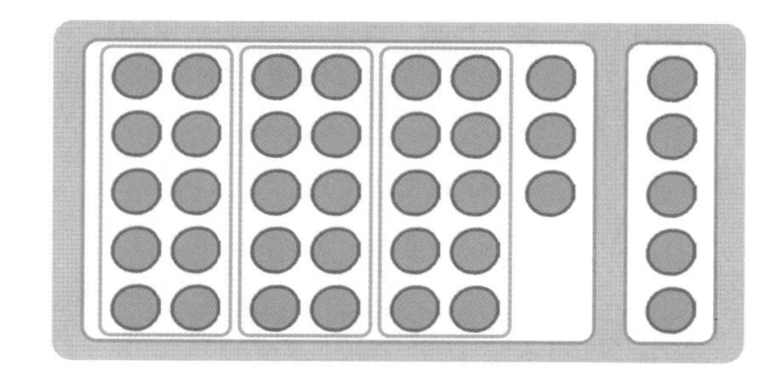

33+5=□

2. 그림을 보고 뺄셈을 해 보세요.

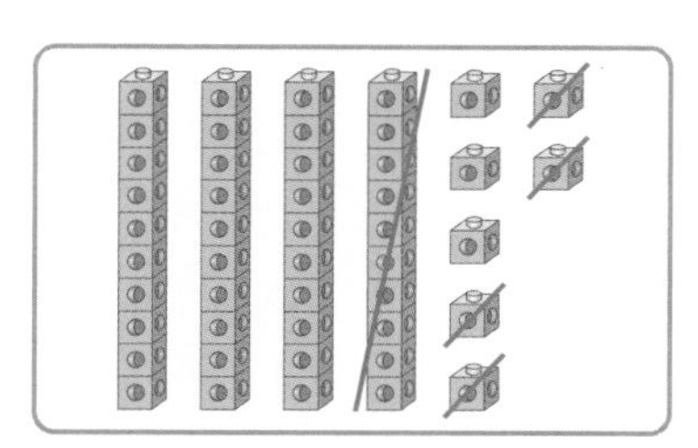

47−14=□

3. □ 안에 알맞은 수를 써넣으세요.

$$\begin{array}{r} 7\ 7 \\ -\ 2\ 0 \\ \hline \square \end{array}$$

4. 바르게 계산한 것에 ○를 하세요.

$$\begin{array}{r} 2\ 1 \\ +\ 6\ \ \ \\ \hline 8\ 8 \end{array}$$

(　　)

$$\begin{array}{r} 2\ 1 \\ +\ \ \ 6 \\ \hline 2\ 7 \end{array}$$

(　　)

5. 합과 차가 같은 것끼리 이어 보세요.

30+15 •	• 70−20
55+21 •	• 47−2
10+40 •	• 79−30
42+7 •	• 88−12

6. 덧셈을 해 보세요.

43+26=☐

26+43=☐

52+15=☐

15+52=☐

7. 계산 결과의 크기를 비교하여 ○ 안에 >, =, < 중 알맞은 것을 써넣으세요.

33+21 ○ 87−31

8. 가장 큰 수와 가장 작은 수의 차는 얼마일까요?

78 87 45 15

( )

9. 농장에 닭이 24마리, 오리가 20마리 있습니다. 농장에 있는 닭과 오리는 모두 몇 마리일까요?

( )

서술형 문제

10. 감자를 지희는 56개 캤고, 민호는 지희보다 15개 더 적게 캤습니다. 지희와 민호가 캔 감자는 모두 몇 개인지 풀이 과정을 쓰고, 답을 구하세요.

풀이

답

빈칸을 채우면 풀이는 저절로 완성!

나 혼자 푼다 바빠 수학 문장제 1-2

영역별 연산책 바빠 연산법
방학 때나 학습 결손이 생겼을 때~

- 바쁜 1·2학년을 위한 빠른 **덧셈**
- 바쁜 1·2학년을 위한 빠른 **뺄셈**
- 바쁜 초등학생을 위한 빠른 **구구단**
- 바쁜 초등학생을 위한 빠른 **시계와 시간**

- 바쁜 초등학생을 위한 빠른 **길이와 시간 계산**
- 바쁜 3·4학년을 위한 빠른 **덧셈/뺄셈**
- 바쁜 3·4학년을 위한 빠른 **곱셈**
- 바쁜 3·4학년을 위한 빠른 **나눗셈**
- 바쁜 3·4학년을 위한 빠른 **분수**
- 바쁜 3·4학년을 위한 빠른 **소수**
- 바쁜 3·4학년을 위한 빠른 **방정식**

- 바쁜 5·6학년을 위한 빠른 **곱셈**
- 바쁜 5·6학년을 위한 빠른 **나눗셈**
- 바쁜 5·6학년을 위한 빠른 **분수**
- 바쁜 5·6학년을 위한 빠른 **소수**
- 바쁜 5·6학년을 위한 빠른 **방정식**
- 바쁜 초등학생을 위한 빠른 **약수와 배수, 평면도형 계산, 입체도형 계산, 자연수의 혼합 계산, 분수와 소수의 혼합 계산, 비와 비례, 확률과 통계**

바빠 국어/ 급수한자
초등 교과서 필수 어휘와 문해력 완성!

- 바쁜 초등학생을 위한 빠른 **맞춤법 1**
- 바쁜 초등학생을 위한 빠른 **급수한자 8급**
- 바쁜 초등학생을 위한 빠른 **독해 1, 2**

- 바쁜 초등학생을 위한 빠른 **독해 3, 4**
- 바쁜 초등학생을 위한 빠른 **맞춤법 2**
- 바쁜 초등학생을 위한 빠른 **급수한자 7급 1, 2**

- 바쁜 초등학생을 위한 빠른 **급수한자 6급 1, 2, 3**
- 보일락 말락~ 바빠 **급수한자판 + 6·7·8급 모의시험**

- 바빠 급수 시험과 어휘력 잡는 초등 **한자 총정리**
- 바쁜 초등학생을 위한 빠른 **독해 5, 6**

바빠 영어
우리 집, 방학 특강 교재로 인기 최고!

- 바쁜 초등학생을 위한 빠른 **알파벳 쓰기**
- 바쁜 초등학생을 위한 빠른 **영단어 스타터 1, 2**
- 바쁜 초등학생을 위한 빠른 **사이트 워드 1, 2**

- 바쁜 초등학생을 위한 빠른 **파닉스 1, 2**

- 전 세계 어린이들이 가장 많이 읽는 **영어동화 100편 : 명작/과학/위인동화**
- 바빠 **초등 영단어** — 3·4학년용
- 바쁜 3·4학년을 위한 빠른 **영문법 1, 2**
- 바빠 초등 **필수 영단어**
- 바빠 초등 **필수 영단어 트레이닝**
- 바빠 초등 **영어 교과서 필수 표현**
- 바빠 초등 **영어 일기 쓰기**
- 바빠 초등 **영어 리딩1, 2, 3**

- 바빠 **초등 영단어** — 5·6학년용
- 바빠 초등 **영문법** — 5·6학년용 1, 2, 3
- 바빠 초등 **영어시제 특강** — 5·6학년용
- 바쁜 5·6학년을 위한 빠른 **영작문**
- 바빠 초등 하루 5문장 **영어 글쓰기 1, 2**

10일에 완성하는 영역별 연산 총정리!

바빠 연산법 (전 26권)

바빠

취약한 연산만 빠르게 보강!

바빠 연산법 시리즈

각 권 9,000~12,000원

- 시간이 절약되는 **똑똑한 훈련법!**
- **계산이 빨라지는** 명강사들의 **꿀팁**이 가득!

예비 1 학년

덧셈

뺄셈

1·2 학년

덧셈

뺄셈

구구단

시계와 시간

길이와 시간 계산

3·4 학년

덧셈 뺄셈 곱셈

나눗셈

분수 소수 방정식

5·6 학년

곱셈

나눗셈

분수

소수

방정식

※ 약수와 배수, 자연수의 혼합 계산, 분수와 소수의 혼합 계산, 평면도형 계산, 입체도형 계산, 비와 비례, 확률과 통계 편도 출간!

같은 영역끼리 모아 연습하면 개념을 스스로 이해하고 정리할 수 있습니다!

-초등 교과서 집필진, 김진호 교수